この一冊があなたのビジネスチャンスを広げる！

よくわかる

PowerPointはプレゼンだけだと思っていませんか？
もっとPowerPointを使いこなして、
上司や同僚を驚かせたいと思いませんか？
FOM出版のテキストはそんなあなたの要望に応えます。

JN180743

第1章 画像の加工

写真が命のスライドだから多彩な効果でスタイリッシュに！

やっぱり発表スライドは写真が命！
同じ写真でも、イメージが変わるアート効果や背景の削除なんて、プロっぽいね！
PowerPointは手軽に画像の加工ができるので、どんどん使ってみよう！

アート効果のオプション(E)...

アート効果を使えば、写真が大変身！

ホリスガーデン緑ヶ丘
エフオーエム不動産

2017年1月より予約販売開始

「ホリスガーデン緑ヶ丘」マンションパビリオン
TEL　0120-XX-XXXX
営業時間　[平日]11:00～19:00
　　　　　[土・日・祝日]10:00～18:00
定休日　　水曜日

左右反転で撮りなおしの必要もなし！

背景の削除で、見せたいものだけを目立たせる！

画像の加工については **8ページ** を **check!**

第2章 グラフィックの活用

スライド作成だけじゃない！
PowerPointでちらし作成！

PowerPointって、スライド作成以外にも使えるの？
ちらしを作成するならWordを使ってるし、いまひとつ、ピンとこないんだよなぁ…

図形に文字を入力して回転すると、文字もいっしょに回転！ちらしに効果的なアクセントを付けられる！

テキストボックスの塗りつぶしの色に透過を設定すれば、バックの画像を活かしたレイアウトが可能！

図形の結合を使うと、図形同士をくっつけて新しい図形を作成できる！

A4やはがきなど、スライド以外のサイズで作成できる！

ふーん。Wordに負けず劣らず、魅力あるちらしが作成できるんだね！
今度のちらし作成にはPowerPointを使ってみようかな。

グラフィックの活用については **42ページ** を **check!**

第3章 マルチメディアの活用

動画を使って
訴求力のあるスライドに！

人は、動きのあるスライドに惹きつけられるんじゃない？
写真だけじゃわかりづらいものも、動画を使うと一目瞭然！商品紹介なんかだと、グッと訴求力も増すよね。
それに、PowerPointを使ってプレゼンテーションのビデオを作っておけば、PowerPointの入っていないパソコンでも再生可能だし、便利だよ。

手洗いの方法は、写真じゃ伝わらない！動画で見せて、わかりやすさを追求！

動画はトリミングが可能！必要な場所だけ見せて、撮り始めや撮り終わりなどの余分な部分はカット！

効果音やナレーションなどの音声を挿入できる！

ビデオを作成しておくと、PowerPointが入っていないパソコンでも再生可能！

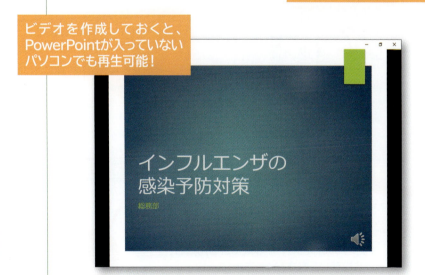

マルチメディアの活用については 92ページ を check!

第4章 スライドのカスタマイズ

カスタマイズをマスターして
簡単にオリジナルのスライドを！

PowerPointっていろいろなテーマがあって、簡単にデザイン性の高いスライドが作れるよね〜。
でも、ちょっと自分好みにアレンジしたり、自社のロゴを入れたりできると、もっと使い勝手がよくなるんだけどなぁ。

フォントを変更したり、図形を削除したりして、好みのデザインに変更しよう！

テーマ「シャボン」のスライドマスターを編集！

ヘッダーやフッターに会社名やロゴマークなどを入れるとオリジナル感が増すよ！

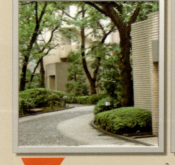

スライドのカスタマイズができると、オリジナルのスライドが作成できるんだね。
これは、使いこなさなくっちゃ！

スライドのカスタマイズについては 124ページ を check!

第5章 ほかのアプリケーションとの連携

ExcelやWordのデータをそのまま利用
ほかのアプリとかんたん連携！

ExcelやWordのデータを見ながら、PowerPointのスライドに入力していくのって二度手間なんだよね。
あと、過去に作ったスライドを、作成中のスライドに組み込むとき、作成中のテーマに簡単に移行できたらすごく便利なんだけどなぁ～。
あれ？　そういう機能、ありそうだね！　知りたいなぁ。

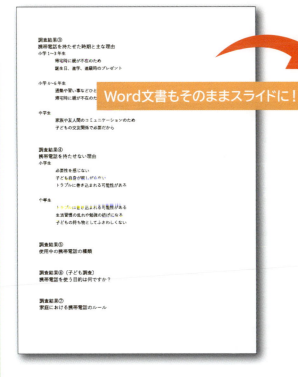

Word文書もそのままスライドに！

画面上の領域をスクリーンショットでキャプチャしてスライドに利用！

ほかのアプリケーションとの連携については **164ページ** を **check!**

第6章 プレゼンテーションの校閲

校閲機能を使いこなして
業務効率をアップさせる！

スライドの手直しってけっこう大変なんだよね〜。
特に、製品名が変わったり、使っている単語を置き換えたりするときは、要注意！
修正し忘れがあると取り返しがつかないからね。
PowerPointで、一度に簡単に修正できると助かるんだけどなぁ。
あと、先輩にスライドをチェックしてもらうと、
いろいろアドバイスをメモしてくれるんだけど、字が読みづらくて…
でも、そんなこと口が裂けても言えないしなぁ。

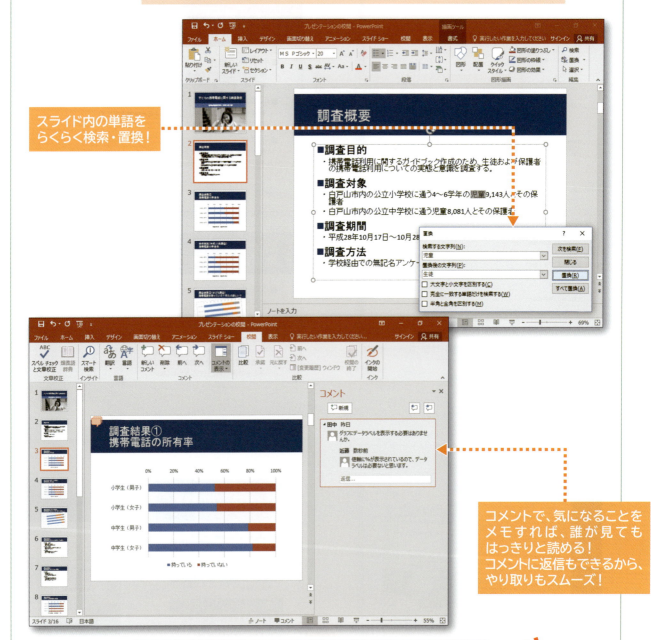

スライド内の単語を
らくらく検索・置換！

コメントで、気になることを
メモすれば、誰が見ても
はっきりと読める！
コメントに返信もできるから、
やり取りもスムーズ！

へぇ〜。置換を使うと、スライドの修正もお茶の子さいさい！
それに、コメントを使えば、字が読めなくて苦労することもないね。
あと、欲を言えば、同僚が手直ししてくれたスライドを、
もとのスライドに簡単に反映できるといいんだけどなぁ。

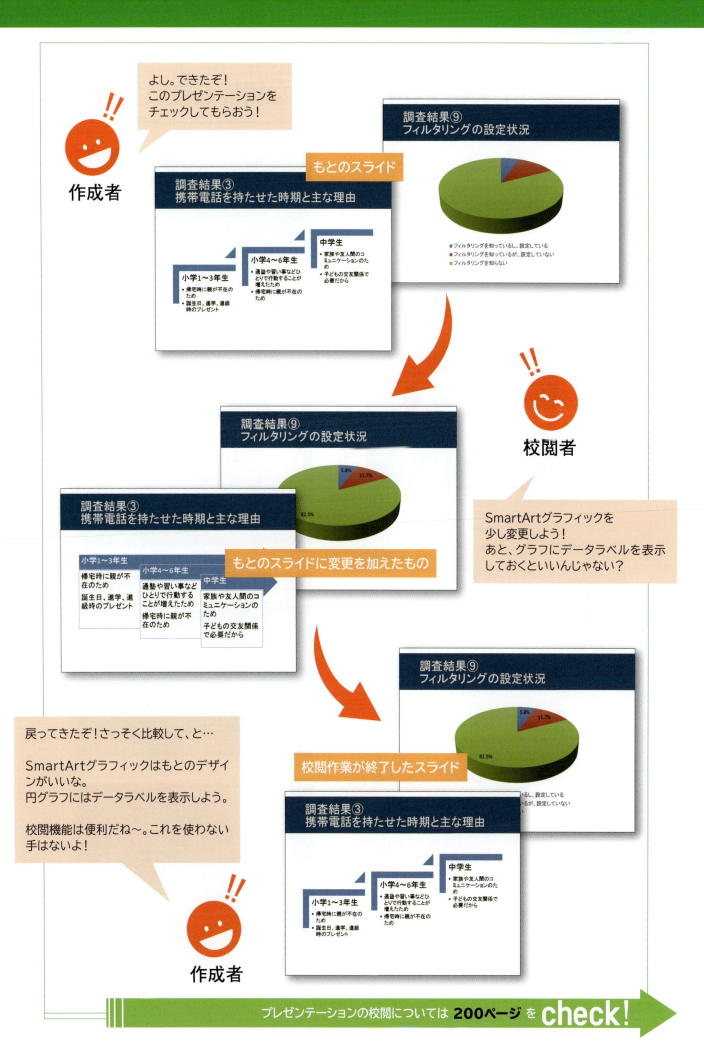

第7章 便利な機能

頼もしい機能が充実
PowerPointの便利な機能を使いこなそう

ずいぶんPowerPointの使い方がわかってきたよ。
ほかに知っておくと便利な機能ってないのかな？

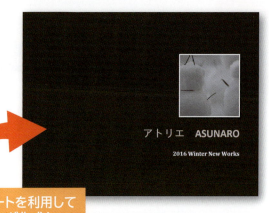

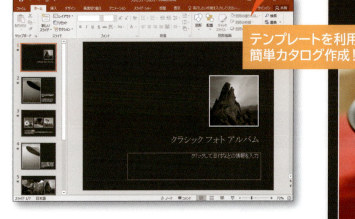

テンプレートを利用して簡単カタログ作成！

プレゼンテーションをPDFファイルにしたり、テンプレートとして保存したり、活用方法もいろいろ！

ドキュメント検査で、個人情報や隠しデータなどがないかをチェックして情報漏えいを防止！

なるほど！
ここまで使えるようになれば、ビジネスシーンで活躍できるぞ！

便利な機能については **230ページ** を **check!**

はじめに

Microsoft PowerPoint 2016は、訴求力のあるスライドを作成し、効果的なプレゼンテーションを行うためのプレゼンテーションソフトです。

本書は、PowerPointを使いこなしたい方を対象に、図形や写真などに様々な効果を設定する方法やスライドのカスタマイズ、ほかのアプリケーションとの連携、コメントやプレゼンテーションの比較などを使ってプレゼンテーションを校閲する方法など、応用的かつ実用的な機能をわかりやすく解説しています。また、練習問題を豊富に用意しており、問題を解くことによって理解度を確認でき、着実に実力を身に付けられます。「よくわかる Microsoft PowerPoint 2016 基礎」(FPT1534)の続編であり、PowerPointの豊富な機能を学習できる内容になっています。

本書は、経験豊富なインストラクターが、日ごろのノウハウをもとに作成しており、講習会や授業の教材としてご利用いただくほか、自己学習の教材としても最適なテキストとなっております。

本書を通して、PowerPointの知識を深め、実務にいかしていただければ幸いです。

本書を購入される前にご一読ください

本書は、2016年3月現在のPowerPoint 2016(16.0.4312.1000)に基づいて解説しています。Windows Updateによって機能が更新された場合には、本書の記載の通りに操作できなくなる可能性があります。あらかじめご了承のうえ、ご購入・ご利用ください。

2016年5月5日
FOM出版

- ◆Microsoft、PowerPoint、Excel、OneDrive、Windowsは、米国Microsoft Corporationの米国およびその他の国における登録商標または商標です。
- ◆Apple、App Store、iPad、iPhoneは、米国Apple Inc.の商標です。
- ◆Android、Google Playは、Google Inc.の商標です。
- ◆その他、記載されている会社および製品などの名称は、各社の登録商標または商標です。
- ◆本文中では、TMや®は省略しています。
- ◆本文中のスクリーンショットは、マイクロソフトの許可を得て使用しています。
- ◆本文およびデータファイルで題材として使用している個人名、団体名、商品名、ロゴ、連絡先、メールアドレス、場所、出来事などは、すべて架空のものです。実在するものとは一切関係ありません。
- ◆本書に掲載されているオンラインテンプレートは、2016年3月現在のもので、予告なく変更される可能性があります。
- ◆本書に掲載されているホームページは、2016年3月現在のもので、予告なく変更される可能性があります。

Contents 目次

■ 本書をご利用いただく前に 1

■ 第1章　画像の加工 8

Check	この章で学ぶこと 9
Step1	作成するプレゼンテーションを確認する 10
	●1　作成するプレゼンテーションの確認 10
Step2	画像の外観を変更する 12
	●1　作成するスライドの確認 12
	●2　アート効果の設定 13
	●3　色のトーンの変更 14
Step3	画像を回転する 16
	●1　作成するスライドの確認 16
	●2　画像の回転 16
Step4	画像をトリミングする 20
	●1　作成するスライドの確認 20
	●2　画像のトリミング 20
	●3　縦横比を指定してトリミング 21
	●4　図形に合わせてトリミング 26
Step5	図のスタイルをカスタマイズする 27
	●1　作成するスライドの確認 27
	●2　図のスタイルのカスタマイズ 27
Step6	画像の背景を削除する 30
	●1　作成するスライドの確認 30
	●2　背景の削除 30
練習問題	 39

■ 第2章　グラフィックの活用 42

Check	この章で学ぶこと 43
Step1	作成するちらしを確認する 44
	●1　作成するちらしの確認 44
Step2	スライドのサイズを変更する 45
	●1　スライドのサイズの変更 45
	●2　スライドのレイアウトの変更 48
Step3	スライドのテーマをアレンジする 49
	●1　テーマの適用 49

Step4	画像を配置する	52
	●1　画像の配置	52
Step5	グリッド線とガイドを表示する	54
	●1　グリッド線とガイド	54
	●2　グリッド線とガイドの表示	54
	●3　グリッド線の間隔とオブジェクトの配置	55
	●4　ガイドの移動	56
Step6	図形を作成する	58
	●1　図形を利用したタイトルの作成	58
	●2　図形の作成	58
	●3　図形のコピーと文字の修正	61
Step7	図形に書式を設定する	63
	●1　図形の枠線	63
	●2　図形の塗りつぶし	64
	●3　図形の回転	66
Step8	オブジェクトの配置を調整する	67
	●1　図形の表示順序	67
	●2　図形のグループ化	69
	●3　図形の整列	70
	●4　配置の調整	70
Step9	図形を組み合わせてオブジェクトを作成する	73
	●1　図形を組み合わせたオブジェクトの作成	73
	●2　図形の作成	74
	●3　図形の結合	76
Step10	テキストボックスを配置する	79
	●1　テキストボックス	79
	●2　横書きテキストボックスの作成	79
	●3　テキストボックスの書式設定	83
練習問題		88

■第3章　マルチメディアの活用　92

Check	この章で学ぶこと	93
Step1	作成するプレゼンテーションを確認する	94
	●1　作成するプレゼンテーションの確認	94
Step2	ビデオを挿入する	96
	●1　ビデオ	96
	●2　ビデオの挿入	96
	●3　ビデオの再生	99
	●4　ビデオの移動とサイズ変更	101

Contents

Step3	ビデオを編集する	103
●1	明るさとコントラストの調整	103
●2	ビデオスタイルの適用	104
●3	ビデオのトリミング	105
●4	スライドショーでのビデオの再生	107

Step4	オーディオを挿入する	109
●1	オーディオ	109
●2	オーディオの挿入	109
●3	オーディオの再生	110
●4	オーディオの移動とサイズ変更	111
●5	スライドショーでのオーディオの再生	114
●6	再生順序の変更	116

Step5	プレゼンテーションのビデオを作成する	117
●1	プレゼンテーションのビデオの作成	117
●2	画面切り替えの設定	117
●3	ビデオの作成	118
●4	ビデオの再生	120

練習問題 ………………………………………………………… 121

■第4章　スライドのカスタマイズ ……………………………… 124

Check	この章で学ぶこと	125

Step1	作成するプレゼンテーションを確認する	126
●1	作成するプレゼンテーションの確認	126

Step2	スライドマスターを表示する	128
●1	スライドマスター	128
●2	スライドマスターの種類	129
●3	スライドマスターの表示	130

Step3	共通のスライドマスターを編集する	131
●1	共通のスライドマスターの編集	131
●2	図形の削除	131
●3	タイトルの書式設定	132
●4	プレースホルダーのサイズ変更	134
●5	ワードアートの作成	136
●6	画像の挿入	138

Step4	タイトルスライドのスライドマスターを編集する	141
●1	タイトルスライドのスライドマスターの編集	141
●2	タイトルの書式設定	141
●3	図形の削除	144
●4	テーマとして保存	145

	Step5	ヘッダーとフッターを挿入する	148
		●1 作成するスライドの確認	148
		●2 ヘッダーとフッターの挿入	148
		●3 ヘッダーとフッターの編集	149
	Step6	オブジェクトに動作を設定する	152
		●1 オブジェクトの動作設定	152
		●2 動作の確認	154
	Step7	動作設定ボタンを作成する	155
		●1 動作設定ボタン	155
		●2 動作設定ボタンの作成	155
		●3 動作設定ボタンの確認	157
	練習問題		159

■第5章　ほかのアプリケーションとの連携　164

	Check	この章で学ぶこと	165
	Step1	作成するプレゼンテーションを確認する	166
		●1 作成するプレゼンテーションの確認	166
	Step2	Wordのデータを利用する	169
		●1 作成するスライドの確認	169
		●2 Word文書の挿入	170
		●3 アウトラインからスライド	170
		●4 スライドのリセット	172
	Step3	Excelのデータを利用する	175
		●1 作成するスライドの確認	175
		●2 Excelのデータの貼り付け	176
		●3 Excelグラフの貼り付け方法	176
		●4 Excelグラフのリンク	178
		●5 リンクの確認	181
		●6 グラフの書式設定	183
		●7 図として貼り付け	184
		●8 Excel表の貼り付け方法	186
		●9 Excel表の貼り付け	186
		●10 表の書式設定	188
	Step4	ほかのPowerPointのデータを利用する	190
		●1 スライドの再利用	190
	Step5	スクリーンショットを挿入する	194
		●1 作成するスライドの確認	194
		●2 スクリーンショット	194
	練習問題		198

Contents

■第6章　プレゼンテーションの校閲　200

Check	この章で学ぶこと	201
Step1	検索・置換する	202
	●1　検索	202
	●2　置換	203
Step2	コメントを設定する	206
	●1　コメント	206
	●2　コメントの確認	206
	●3　コメントの表示・非表示	208
	●4　コメントの挿入とユーザー設定	209
	●5　コメントの編集	212
	●6　コメントへの返答	213
	●7　コメントの削除	214
Step3	プレゼンテーションを比較する	216
	●1　校閲作業	216
	●2　プレゼンテーションの比較	216
	●3　変更内容の反映	222
	●4　校閲の終了	227
	練習問題	228

■第7章　便利な機能　230

Check	この章で学ぶこと	231
Step1	テンプレートを利用する	232
	●1　テンプレート	232
	●2　オンラインテンプレートの利用	232
	●3　テンプレートとして保存	241
Step2	プレゼンテーションのプロパティを設定する	243
	●1　プレゼンテーションのプロパティの設定	243
Step3	プレゼンテーションの問題点をチェックする	246
	●1　ドキュメント検査	246
	●2　アクセシビリティチェック	249
Step4	プレゼンテーションを保護する	253
	●1　パスワードを使用して暗号化	253
	●2　最終版にする	256
Step5	ファイル形式を指定して保存する	257
	●1　プレゼンテーションパックの作成	257
	●2　PDFファイルとして保存	260
	練習問題	262

■総合問題 ------ 266

総合問題1	267
総合問題2	270
総合問題3	274
総合問題4	277
総合問題5	280

■付録1　ショートカットキー一覧 ------ 282

■付録2　マルチデバイス時代のOffice活用術 ------ 284

Step1　マルチデバイス環境でOfficeを利用する …… 285
- ●1　様々な環境で利用できるOffice …… 285
- ●2　Microsoftアカウントを使ったサインイン …… 285
- ●3　ファイルを共有できるOneDrive …… 287

Step2　複数のパソコンでOfficeのファイルをやり取りする …… 288
- ●1　複数のパソコンでOfficeのファイルを利用 …… 288
- ●2　1台目のパソコンでOneDriveにファイルを保存 …… 288
- ●3　2台目のパソコンでOneDriveのファイルを開く …… 294

Step3　タブレットやスマートフォンでOfficeを利用する …… 296
- ●1　モバイルデバイスでOfficeのファイルを利用 …… 296
- ●2　Officeを利用できるモバイルデバイス …… 296
- ●3　タブレットにOfficeアプリをインストール …… 297
- ●4　タブレットでOneDriveのファイルを開く …… 299

■索引 ------ 304

Introduction 本書をご利用いただく前に

本書で学習を進める前に、ご一読ください。

1 本書の記述について

操作の説明のために使用している記号には、次のような意味があります。

記述	意味	例
⬜	キーボード上のキーを示します。	[Shift] [F4]
⬜+⬜	複数のキーを押す操作を示します。	[Ctrl]+[C] ([Ctrl]を押しながら[C]を押す)
《　》	ダイアログボックス名やタブ名、項目名など画面の表示を示します。	《ホーム》タブを選択します。 《図の挿入》ダイアログボックスが表示されます。
「　」	重要な語句や機能名、画面の表示、入力する文字列などを示します。	「トリミング」といいます。 「感染予防対策」と入力します。

 知っておくべき重要な内容

 知っていると便利な内容

 学習の前に開くファイル

※ 補足的な内容や注意すべき内容

Let's Try　学習した内容の確認問題

Let's Try Answer　確認問題の答え

 問題を解くためのヒント

2 製品名の記載について

本書では、次の名称を使用しています。

正式名称	本書で使用している名称
Windows 10	Windows 10 または Windows
Microsoft Office 2016	Office 2016 または Office
Microsoft PowerPoint 2016	PowerPoint 2016 または PowerPoint
Microsoft Excel 2016	Excel 2016 または Excel
Microsoft Word 2016	Word 2016 または Word

3 効果的な学習の進め方について

本書の各章は、次のような流れで学習を進めると、効果的な構成になっています。

1 学習目標を確認

学習を始める前に、「この章で学ぶこと」で学習目標を確認しましょう。
学習目標を明確にすることによって、習得すべきポイントが整理できます。

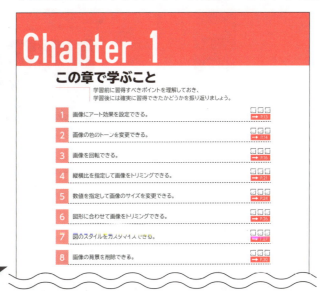

2 章の学習

学習目標を意識しながら、PowerPointの機能や操作を学習しましょう。

本書をご利用いただく前に

3 練習問題にチャレンジ

章の学習が終わったあと、「練習問題」にチャレンジしましょう。
章の内容がどれくらい理解できているかを把握できます。

4 学習成果をチェック

章の始めの「この章で学ぶこと」に戻って、学習目標を達成できたかどうかをチェックしましょう。
十分に習得できなかった内容については、該当ページを参照して復習するとよいでしょう。

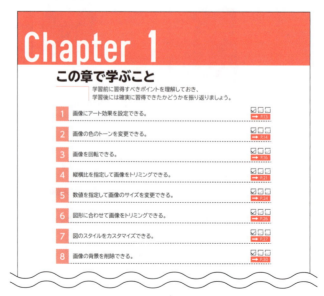

4　学習環境について

本書を学習するには、次のソフトウェアが必要です。

- ●PowerPoint 2016
- ●Excel 2016
- ●Word 2016

本書を開発した環境は、次のとおりです。

・OS：Windows 10（ビルド10586.122）
・アプリケーションソフト：Microsoft Office Professional Plus 2016（16.0.4312.1000）
・ディスプレイ：画面解像度　1024×768ピクセル

※インターネットに接続できる環境で学習することを前提に記述しています。
※環境によっては、画面の表示が異なる場合や記載の機能が操作できない場合があります。

◆画面解像度の設定

画面解像度を本書と同様に設定する方法は、次のとおりです。

①デスクトップの空き領域を右クリックします。
②《ディスプレイ設定》をクリックします。
③《ディスプレイの詳細設定》をクリックします。
④《解像度》の をクリックし、一覧から《1024×768》を選択します。
⑤《適用》をクリックします。

※確認メッセージが表示される場合は、《変更の維持》をクリックします。

◆ボタンの形状

ディスプレイの画面解像度やウィンドウのサイズなど、お使いの環境によって、ボタンの形状やサイズが異なる場合があります。ボタンの操作は、ポップヒントに表示されるボタン名を確認してください。

※本書に掲載しているボタンは、ディスプレイの画面解像度を「1024×768ピクセル」、ウィンドウを最大化した環境を基準にしています。

5　学習ファイルのダウンロードについて

本書で使用するファイルは、FOM出版のホームページで提供しています。
ダウンロードしてご利用ください。

ホームページアドレス

http://www.fom.fujitsu.com/goods/

ホームページ検索用キーワード

FOM出版

◆ダウンロード

学習ファイルをダウンロードする方法は、次のとおりです。

①ブラウザーを起動し、FOM出版のホームページを表示します。
※アドレスを直接入力するか、キーワードでホームページを検索します。
②《ダウンロード》をクリックします。
③《アプリケーション》の《PowerPoint》をクリックします。
④《PowerPoint 2016 応用》の「fpt1601.zip」をクリックします。
⑤ダウンロードが完了したら、ブラウザーを終了します。
※ダウンロードしたファイルは、パソコン内のフォルダー「ダウンロード」に保存されます。

◆ダウンロードしたファイルの解凍

ダウンロードしたファイルは圧縮されているので、解凍（展開）します。
ダウンロードしたファイル「**fpt1601.zip**」を《ドキュメント》に解凍する方法は、次のとおりです。

①デスクトップ画面を表示します。
②タスクバーの ■ （エクスプローラー）をクリックします。

③《ダウンロード》をクリックします。
※《ダウンロード》が表示されていない場合は、《PC》をダブルクリックします。
④ファイル「**fpt1601**」を右クリックします。
⑤《すべて展開》をクリックします。

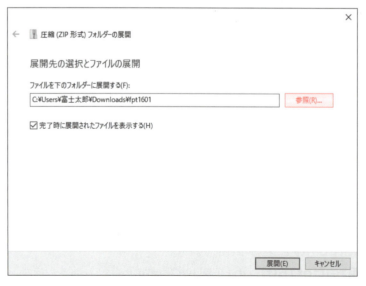

⑥《参照》をクリックします。

⑦《ドキュメント》をクリックします。
※《ドキュメント》が表示されていない場合は、《ＰＣ》をダブルクリックします。
⑧《フォルダーの選択》をクリックします。

⑨《ファイルを下のフォルダーに展開する》が「C:¥Users¥(ユーザー名)¥Documents」に変更されます。
⑩《完了時に展開されたファイルを表示する》を☑にします。
⑪《展開》をクリックします。

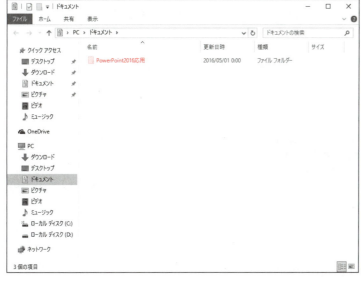

⑫ファイルが解凍され、《ドキュメント》が開かれます。
⑬フォルダー「PowerPoint2016応用」が表示されていることを確認します。
※すべてのウィンドウを閉じておきましょう。

◆学習ファイルの一覧

フォルダー「PowerPoint2016応用」には、学習ファイルが入っています。タスクバーの■（エクスプローラー）→《PC》→《ドキュメント》をクリックし、一覧からフォルダーを開いて確認してください。

◆学習ファイルの場所

本書では、学習ファイルの場所を《ドキュメント》内のフォルダー「PowerPoint2016応用」としています。《ドキュメント》以外の場所に解凍した場合は、フォルダーを読み替えてください。

◆学習ファイル利用時の注意事項

ダウンロードした学習ファイルを開く際、そのファイルが安全かどうかを確認するメッセージが表示される場合があります。学習ファイルは安全なので、《編集を有効にする》をクリックして、編集可能な状態にしてください。

6 本書の最新情報について

本書に関する最新のQ＆A情報や訂正情報、重要なお知らせなどについては、FOM出版のホームページでご確認ください。

ホームページ・アドレス

http://www.fom.fujitsu.com/goods/

ホームページ検索用キーワード

FOM出版

第1章 Chapter 1

画像の加工

Check	この章で学ぶこと	9
Step1	作成するプレゼンテーションを確認する	10
Step2	画像の外観を変更する	12
Step3	画像を回転する	16
Step4	画像をトリミングする	20
Step5	図のスタイルをカスタマイズする	27
Step6	画像の背景を削除する	30
練習問題		39

Chapter 1

この章で学ぶこと

学習前に習得すべきポイントを理解しておき、
学習後には確実に習得できたかどうかを振り返りましょう。

1	画像にアート効果を設定できる。	☑☑☑ → P.13
2	画像の色のトーンを変更できる。	☑☑☑ → P.14
3	画像を回転できる。	☑☑☑ → P.16
4	縦横比を指定して画像をトリミングできる。	☑☑☑ → P.21
5	数値を指定して画像のサイズを変更できる。	☑☑☑ → P.24
6	図形に合わせて画像をトリミングできる。	☑☑☑ → P.26
7	図のスタイルをカスタマイズできる。	☑☑☑ → P.27
8	画像の背景を削除できる。	☑☑☑ → P.30

Step 1 作成するプレゼンテーションを確認する

1 作成するプレゼンテーションの確認

次のようなプレゼンテーションを作成しましょう。

1枚目

2枚目

3枚目

4枚目

5枚目

6枚目

第1章 画像の加工

7枚目

8枚目

9枚目

10枚目

11枚目

12枚目

Step2 画像の外観を変更する

1 作成するスライドの確認

次のようなスライドを作成しましょう。

アート効果の適用
色のトーンの変更

色のトーンの変更

色の変更

2 アート効果の設定

「アート効果」を使うと、写真をスケッチや水彩画などのようなタッチに変更することができます。瞬時にデザイン性の高い外観に変更できるので便利です。

●鉛筆：スケッチ

●ペイント：ブラシ

●パッチワーク

●カットアウト

スライド1の画像にアート効果「**パステル：滑らか**」を設定しましょう。

 フォルダー「第1章」のプレゼンテーション「画像の加工」を開いておきましょう。

①スライド1を選択します。
②画像を選択します。

③《**書式**》タブを選択します。
④《**調整**》グループの （アート効果）をクリックします。
⑤《**パステル：滑らか**》をクリックします。

画像にアート効果が設定されます。

> **POINT ▶▶▶**
>
> **アート効果の解除**
> アート効果を設定した画像をもとの状態に戻す方法は、次のとおりです。
> ◆画像を選択→《書式》タブ→《調整》グループの アート効果 (アート効果)→《なし》

3 色のトーンの変更

色 (色)を使うと、画像の彩度(鮮やかさ)やトーン(色調)を調整したり、セピアや白黒、テーマに合わせた色などに変更したりできます。

「色のトーン」は、色温度を4700K～11200Kの間で指定でき、数値が大きくなるほど温かみのある色合いに調整できます。

スライド1の画像の色のトーンを「**温度:8800K**」に変更しましょう。

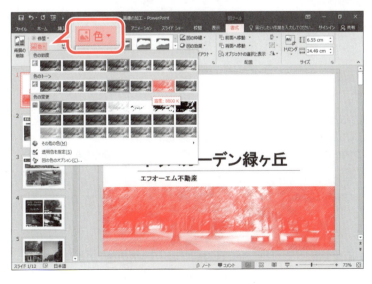

① スライド1を選択します。
② 画像を選択します。
③ 《書式》タブを選択します。
④ 《調整》グループの 色 (色)をクリックします。
⑤ 《色のトーン》の《温度:8800K》をクリックします。

色のトーンが変更されます。

> **POINT ▶▶▶**
>
> **画像のリセット**
>
> 画像に行った様々な修整を一度に取り消すことができます。
> 画像をリセットする方法は、次のとおりです。
> ◆画像を選択→《書式》タブ→《調整》グループの (図のリセット)

 画像の色の変更

(色)の「色の変更」を使うと、画像の色をグレースケールやセピアなどの色に変更することができます。

 画像の色の彩度

(色)の「色の彩度」を使うと、画像の彩度(鮮やかさ)を調整できます。
色の鮮やかさを0%～400%の間で指定でき、0%に近いほど色が失われてグレースケールに近くなり、数値が大きくなるにつれて鮮やかさが増します。

0% ←——————————→ 400%

グレースケールに近くなる　　　　　　　鮮やかになる

 ためしてみよう

次のようにスライドを編集しましょう。
① スライド4のSmartArtグラフィック内の左下の画像の色をセピアに変更しましょう。
② スライド4のSmartArtグラフィック内の右上の画像の色のトーンを「温度：8800K」に変更しましょう。

Let's Try Answer

①
①スライド4を選択
②SmartArtグラフィック内の左下の画像を選択
③《図ツール》の《書式》タブを選択
④《調整》グループの (色)をクリック
⑤《色の変更》の《セピア》(左から3番目、上から1番目)をクリック

②
①スライド4を選択
②SmartArtグラフィック内の右上の画像を選択
③《図ツール》の《書式》タブを選択
④《調整》グループの (色)をクリック
⑤《色のトーン》の《温度：8800K》(左から6番目)をクリック

Step3 画像を回転する

1 作成するスライドの確認

次のようなスライドを作成しましょう。

画像の回転

2 画像の回転

デジタルカメラを縦向きにして撮影した写真をPowerPointに挿入すると、横向きで表示されます。
「オブジェクトの回転」を使うと、挿入した画像を90度回転したり、左右または上下に反転したりできます。また、画像を選択したときに表示される ⟲ をドラッグすることで、任意の角度で回転することもできます。

1 画像の挿入

スライド2にフォルダー**「第1章」**の画像**「リビングルーム」**を挿入しましょう。

①スライド2を選択します。
②《**挿入**》タブを選択します。
③《**画像**》グループの ▣ (図)をクリックします。

第1章 画像の加工

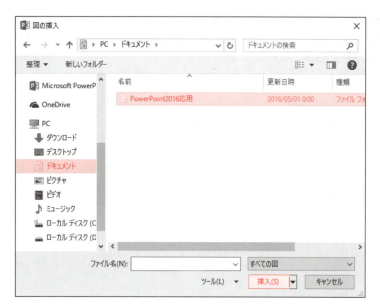

《図の挿入》ダイアログボックスが表示されます。

画像が保存されている場所を選択します。

④左側の一覧から《ドキュメント》を選択します。

※《ドキュメント》が表示されていない場合は、《PC》をダブルクリックします。

⑤右側の一覧から「PowerPoint2016応用」を選択します。

⑥《挿入》をクリックします。

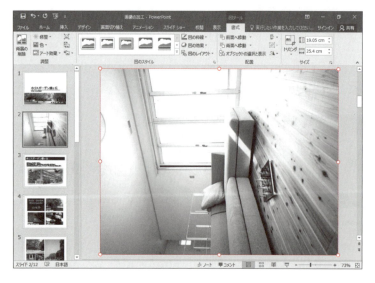

⑦一覧から「第1章」を選択します。

⑧《挿入》をクリックします。

挿入する画像を選択します。

⑨一覧から「リビングルーム」を選択します。

⑩《挿入》をクリックします。

画像が挿入されます。

※リボンに《図ツール》の《書式》タブが表示されます。

2 画像の回転

画像「リビングルーム」のサイズを調整し、右に90度回転しましょう。

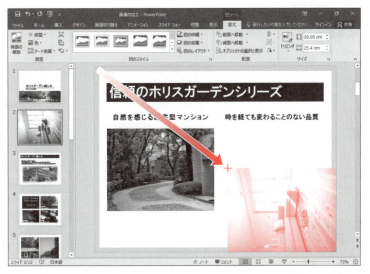

① 画像が選択されていることを確認します。
② 図のように、画像の○（ハンドル）をドラッグしてサイズを変更します。

③《書式》タブを選択します。
④《配置》グループの (オブジェクトの回転) をクリックします。
⑤《右へ90度回転》をクリックします。

画像が回転します。

⑥図のように、画像をドラッグして移動します。
※移動中、配置ガイドと呼ばれる点線が表示されます。

画像が移動します。
※画像のサイズを調整しておきましょう。

> **POINT ▶▶▶**
>
> **画像の反転**
>
> 画像を上下または左右に反転できます。
> 画像を反転する方法は、次のとおりです。
>
> ◆画像を選択→《書式》タブ→《配置》グループの （オブジェクトの回転）→《上下反転》または《左右反転》

> **POINT ▶▶▶**
>
> **配置ガイド**
>
> 画像や図形を移動したり、サイズを変更したりするときにほかのオブジェクトの上端や下端、中心などの位置にそろう場所まで画像や図形をドラッグすると、配置の目安となる「配置ガイド」という点線が表示されます。
> 画像や図形を移動したり、サイズを変更したりするときは、配置ガイドを参考にしながら配置するとよいでしょう。
>
>
>
> 配置ガイド

Step4 画像をトリミングする

1 作成するスライドの確認

次のようなスライドを作成しましょう。

縦横比を指定してトリミング

図形に合わせてトリミング

2 画像のトリミング

画像の上下左右の不要な部分を切り取って必要な部分だけ残すことを「**トリミング**」といいます。
画像をトリミングする場合、自由なサイズでトリミングすることもできますが、縦横比を指定してトリミングしたり、四角形や円などの図形の形に合わせてトリミングしたりすることもできます。

3 縦横比を指定してトリミング

画像のサイズを変更する場合、○（ハンドル）をドラッグしても、複数の画像を同じサイズにすることができなかったり、画像の縦横比が変わってしまったりして、イメージどおりの仕上がりにならないことが多くあります。
そのような場合は、縦横比を指定して画像をトリミングすると画像のサイズをそろえることができます。
縦横比を指定して画像のサイズをそろえる手順は、次のとおりです。

1 縦横比を指定して画像をトリミング

縦横比の異なる画像を選択し、縦横比を指定してトリミングします。

1：1でトリミング

2 画像のサイズを調整

トリミングした画像のサイズを調整します。
※サイズを数値で指定することもできます。

1 縦横比を指定してトリミング

スライド2の画像を縦横比「1：1」でトリミングし、画像の表示位置を変更しましょう。

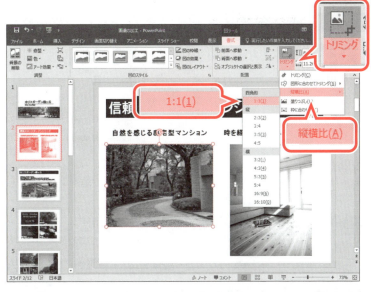

①スライド2を選択します。
②左の画像を選択します。
③《書式》タブを選択します。
④《サイズ》グループの (トリミング) の トリミング をクリックします。
⑤《縦横比》をポイントします。
⑥《四角形》の《1：1》をクリックします。

縦横比「1：1」でトリミングされ、表示しない部分がグレーで表示されます。
トリミングのサイズを変更します。
⑦左下の ┗ をポイントします。
マウスポインターの形が ┗ に変わります。

⑧ Shift を押しながら、図のように右上にドラッグします。
※ Shift を押しながらドラッグすると、縦横比を固定したままサイズを変更できます。

22

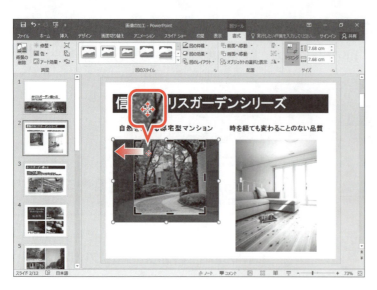

縦横比が1:1のまま、トリミングのサイズが変更されます。

画像の表示位置を変更します。

⑨画像をポイントします。

※カラーの部分でもグレーの部分でもかまいません。マウスポインターの形が ✥ に変わります。

⑩図のように、画像を左にドラッグします。

画像の表示位置が変更されます。

トリミングを確定します。

⑪トリミングした画像以外の場所をクリックします。

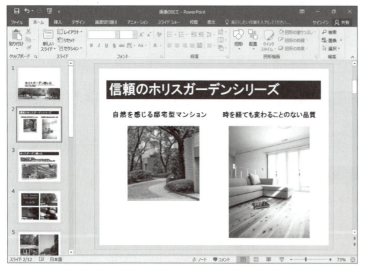

トリミングが確定します。

 縦横比

デジタルカメラで撮影した写真は、デジタルカメラの種類や設定によって縦横比が異なる場合があります。たとえば、通常のデジタルカメラで撮影した写真は3:4、一眼レフなどのカメラで撮影した写真は2:3などの縦横比になります。

異なるデジタルカメラで撮影した写真をスライドに挿入するときは、挿入したあとで同じ縦横比でトリミングすると写真のサイズをそろえることができます。

2 画像のサイズ変更

画像のサイズは、ドラッグして変更するだけでなく、数値を指定して変更することもできます。
複数の画像のサイズをそろえる場合は、数値を指定して変更するとよいでしょう。
画像のサイズを高さ「11cm」、幅「11cm」に変更し、位置を調整しましょう。

①左の画像を選択します。

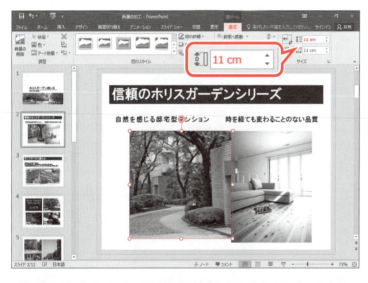

②《書式》タブを選択します。
③《サイズ》グループの （図形の高さ）を「11cm」に設定します。
※ （図形の幅）が自動的に「11cm」になります。
画像のサイズが変更されます。

④図のように、画像をドラッグして移動します。

 **ためしてみよう**

次のようにスライドを編集しましょう。

①スライド2の右の画像を縦横比「1:1」でトリミングし、画像の表示位置を変更しましょう。
②スライド2の右の画像のサイズを高さ「11cm」、幅「11cm」に変更し、位置を調整しましょう。

Let's Try Answer

①
①スライド2を選択
②右の画像を選択
③《書式》タブを選択
④《サイズ》グループの (トリミング)の をクリック
⑤《縦横比》をポイント
⑥《四角形》の《1:1》をクリック
⑦ Shift を押しながら、画像の ┏ または ┓ をドラッグしてサイズ変更
⑧画像をドラッグして画像の表示位置を調整
⑨画像以外の場所をクリック

②
①スライド2を選択
②右の画像を選択
③《書式》タブを選択
④《サイズ》グループの (図形の高さ)を「11cm」に設定
⑤画像をドラッグして移動

第1章 画像の加工

4 図形に合わせてトリミング

「図形に合わせてトリミング」を使うと、画像を雲や星、吹き出しなどの図形の形状に切り抜くことができます。
スライド8の画像を角丸四角形の形にトリミングしましょう。

① スライド8を選択します。
② サクラの画像を選択します。
③ [Shift]を押しながら、「アサガオ」「モミジ」「サザンカ」の画像を選択します。
④ 《書式》タブを選択します。
⑤ 《サイズ》グループの (トリミング)の をクリックします。
⑥ 《図形に合わせてトリミング》をポイントします。
⑦ 《四角形》の (角丸四角形)をクリックします。

角丸四角形の形にトリミングされます。

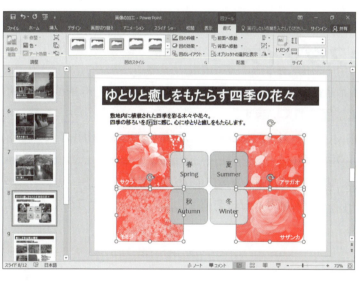

画像の圧縮

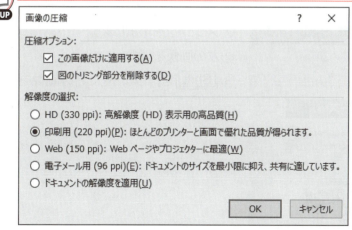

「図の圧縮」を使うと、画像をトリミングしたときの不要な部分を削除できます。また、プレゼンテーションをメールで送信したり、ホームページに掲載したりするのに適した解像度に画像を圧縮することもできます。画像を圧縮すると、ファイルサイズを小さくできるため、プレゼンテーションをサーバー上で共有したり、メールで送信したりする場合に便利です。
画像を圧縮する方法は、次のとおりです。

◆画像を選択→《書式》タブ→《調整》グループの (図の圧縮)

Step5 図のスタイルをカスタマイズする

1 作成するスライドの確認

次のようなスライドを作成しましょう。

図のスタイルのカスタマイズ

2 図のスタイルのカスタマイズ

「**図のスタイル**」とは、画像を装飾するための書式を組み合わせたものです。枠線や影、光彩などの様々な効果があらかじめ設定されています。

画像にスタイルを適用したあとで、枠線の色や太さを変えたり、ぼかしを追加したりするなど、自由に書式を変更して独自のスタイルにカスタマイズできます。

スタイルをカスタマイズするには、《**図の書式設定**》作業ウィンドウを使います。

スライド2の2つの画像にスタイル「**メタルフレーム**」を適用し、次のようにカスタマイズしましょう。

```
線の幅      ：17pt
影のスタイル：オフセット（斜め右下）
影の距離    ：10pt
```

①スライド2を選択します。
②左の画像を選択します。
③[Shift]を押しながら、右の画像を選択します。

④《書式》タブを選択します。
⑤《図のスタイル》グループの ▼ (その他) をクリックします。
⑥《メタルフレーム》をクリックします。

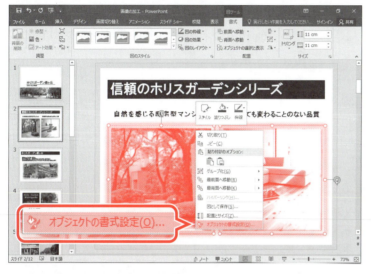

画像にスタイルが適用されます。
⑦2つの画像が選択されていることを確認します。
⑧画像を右クリックします。
※選択されている画像であれば、どちらでもかまいません。
⑨《オブジェクトの書式設定》をクリックします。

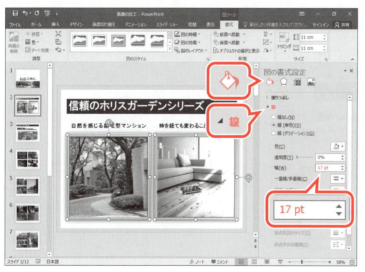

《図の書式設定》作業ウィンドウが表示されます。
⑩ ◇ (塗りつぶしと線) をクリックします。
⑪《線》をクリックします。
⑫《幅》を「17pt」に設定します。

28

第1章 画像の加工

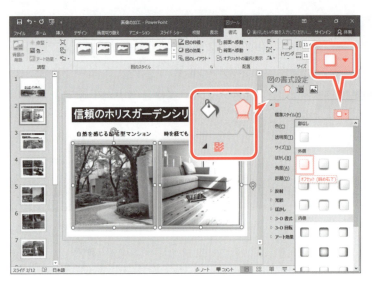

⑬ ◯（効果）をクリックします。
⑭《影》をクリックします。
⑮《標準スタイル》の □▼（影）をクリックします。
⑯《外側》の《オフセット（斜め右下）》をクリックします。

⑰《距離》を「10pt」に設定します。
⑱作業ウィンドウの ✕（閉じる）をクリックします。

スタイルが変更されます。
※画像以外の場所をクリックし、選択を解除しておきましょう。

 画像の変更

画像に設定したスタイルはそのままの状態でほかの画像に変更することができます。
画像を変更する方法は、次のとおりです。

◆画像を選択→《書式》タブ→《調整》グループの （図の変更）

29

Step 6 画像の背景を削除する

1 作成するスライドの確認

次のようなスライドを作成しましょう。

画像の背景の削除

2 背景の削除

「背景の削除」を使うと、撮影時に写りこんだ建物や人物など不要なものを削除できます。画像の一部分だけを切り出して表示したい場合などに使うと便利です。

1 背景の削除の流れ

背景を削除する手順は、次のとおりです。

背景を削除する画像を選択

背景を削除する画像を選択し、《書式》タブ→《調整》グループの (背景の削除)をクリックします。

第1章 画像の加工

2 削除範囲の自動認識

削除される範囲が自動的に認識されます。削除されない範囲は「マーキー」と呼ばれる枠線で囲まれ、削除される範囲は紫色で表示されます。

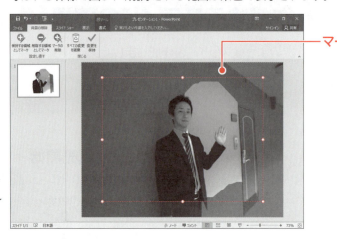
マーキー

3 削除範囲の調整

マーキーの○（ハンドル）をドラッグして範囲を調整します。

マーキーでうまく範囲が調整できない場合は、■（保持する領域としてマーク）や■（削除する領域としてマーク）を使って、手動で範囲を調整します。

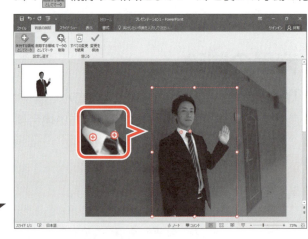

4 削除範囲の自動認識

■（背景の削除を終了して、変更を保持します）をクリックして、削除する範囲を確定します。

※再度、■（背景の削除）をクリックすると範囲を調整できます。

2 背景の削除

スライド12にフォルダー「**第1章**」の画像「**担当者**」を挿入し、画像の背景を削除しましょう。

①スライド12を選択します。
②《**挿入**》タブを選択します。
③《**画像**》グループの (図)をクリックします。

《**図の挿入**》ダイアログボックスが表示されます。
画像が保存されている場所を選択します。
④フォルダー「**第1章**」が開かれていることを確認します。
※「第1章」が開かれていない場合は、《ドキュメント》→「PowerPoint2016応用」→「第1章」を選択します。
挿入する画像を選択します。
⑤一覧から「**担当者**」を選択します。
⑥《**挿入**》をクリックします。

画像が挿入されます。

⑦図のように、画像の○（ハンドル）をドラッグしてサイズを変更します。

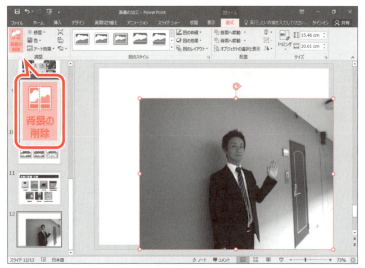

⑧画像が選択されていることを確認します。
⑨《書式》タブを選択します。
⑩《調整》グループの [画像]（背景の削除）をクリックします。

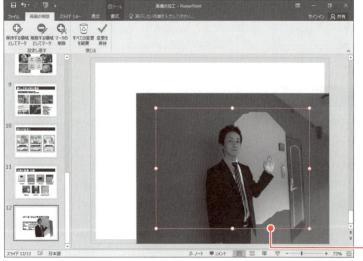

自動的に背景が認識され、削除する部分が紫色で表示されます。
※リボンに《背景の削除》タブが表示されます。
画像に「マーキー」と呼ばれる枠線が表示されます。

マーキー

削除する範囲を調整します。

⑪図のように、右上の○（ハンドル）をドラッグします。

⑫図のように、左下の○（ハンドル）をドラッグします。

削除する範囲が再認識されます。

※マーキーの位置によって認識される範囲は異なります。人物だけがきれいに残った場合は、⑭～⑯までの操作は省略できます。

保持する範囲を手動で調整します。

⑬《背景の削除》タブを選択します。

⑭《設定し直す》グループの ■ （保持する領域としてマーク）をクリックします。

マウスポインターの形が ✐ に変わります。

⑮左側の襟元をクリックします。

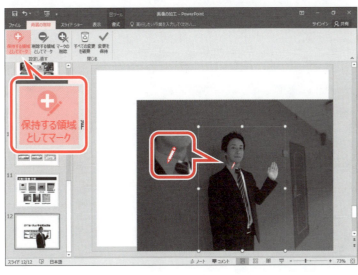

クリックした部分が保持する領域として認識されます。

※手動でマークした部分には⊕が表示されます。
※手動で削除する領域としてマークする場合は、■(削除する領域としてマーク)をクリックして、削除する範囲を指定します。
※範囲の指定をやり直したい場合は、↶(元に戻す)をクリックします。

⑯同様に、右側の襟元をクリックします。

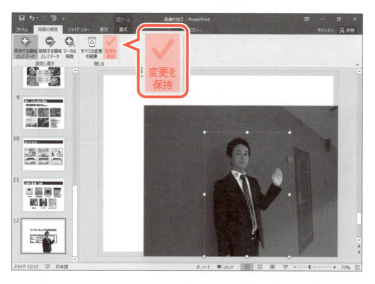

削除する範囲を確定します。

⑰《閉じる》グループの✓(背景の削除を終了して、変更を保持します)をクリックします。

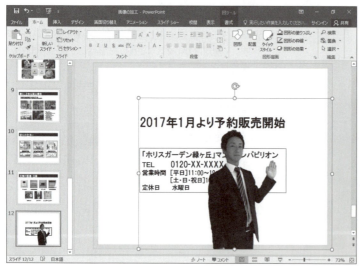

背景が削除され、人物だけが残ります。

POINT ▶▶▶

《背景の削除》タブ

（背景の削除）をクリックすると、リボンに《背景の削除》タブが表示され、リボンが切り替わります。
《背景の削除》タブでは、次のようなことができます。

❶ ❷ ❸ ❹ ❺

❶保持する領域としてマーク
削除する範囲として認識された部分を、削除しないように手動で設定します。
設定した部分には、⊕が表示されます。

❷削除する領域としてマーク
削除しない（保持する）範囲として認識された部分を、削除するように手動で設定します。
設定した部分には、⊖が表示されます。

❸マークの削除
手動で設定した範囲をもとに戻します。
設定した範囲に表示されている⊕や⊖をクリックすると、設定が解除されます。

❹背景の削除を終了して、変更を破棄します
設定した内容を破棄して、背景の削除を終了します。

❺背景の削除を終了して、変更を保持します
設定した範囲を削除して、背景の削除を終了します。

3 画像のトリミング

画像の背景を削除すると削除した部分は透明になりますが、まだ画像の一部として認識されており、画像を選択すると削除した部分を含めたもとの画像の周囲に○（ハンドル）が表示されます。
削除した部分を画像から取り除きたい場合は、トリミングします。不要な部分をトリミングすると、画像のサイズを変更したり、移動したりするときに直感的に操作しやすくなります。
画像「**担当者**」をトリミングしましょう。

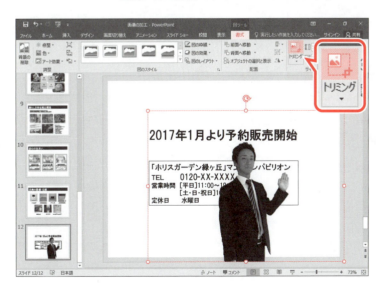

①画像が選択されていることを確認します。
②《**書式**》タブを選択します。
③《**サイズ**》グループの　　（トリミング）をクリックします。

画像の周囲に⌐や−などが表示されます。

④図のように、右上の⌐をドラッグします。

⑤図のように、左下の⌐をドラッグします。

⑥画像以外の場所をクリックします。

トリミングが確定します。

Let's Try ためしてみよう

スライド12の画像「担当者」を左右反転し、位置を調整しましょう。

Let's Try Answer

①スライド12を選択
②画像を選択
③《書式》タブを選択
④《配置》グループの （オブジェクトの回転）をクリック
⑤《左右反転》をクリック
⑥画像をドラッグして移動

※プレゼンテーションに「画像の加工完成」と名前を付けて、フォルダー「第1章」に保存し、閉じておきましょう。

Exercise 練習問題

解答 ▶ 別冊P.1

File OPEN
フォルダー「第1章練習問題」のプレゼンテーション「第1章練習問題」を開いておきましょう。

次のようにスライドを編集しましょう。

●完成図

①スライド6にフォルダー「第1章練習問題」の画像「本」を挿入し、画像の背景を削除しましょう。
　次に、完成図を参考に、画像のサイズと位置を調整しましょう。

②左上の画像の色のトーンを「温度：8800K」に変更しましょう。

③右の画像の色を「セピア」に変更しましょう。

次のようにスライドを編集しましょう。

●完成図

④スライド7にフォルダー「**第1章練習問題**」の画像「**川**」を挿入しましょう。
次に、画像を左に90度回転し、完成図を参考に、画像のサイズと位置を調整しましょう。

次のようにスライドを編集しましょう。

●完成図

⑤スライド8にフォルダー「**第1章練習問題**」の次の画像を挿入しましょう。

```
春：画像「サクラ」
夏：画像「アサガオ」
冬：画像「サザンカ」
```

次に、挿入した画像を縦横比「**4：3**」でトリミングし、次のような書式を設定しましょう。

```
サイズ：高さ 5.5cm　幅 7.33cm
最背面に配置
```

⑥4つの画像にスタイル「**四角形、面取り**」を適用し、次のようにカスタマイズしましょう。

```
影のスタイル ：オフセット（斜め右下）
影の透明度　 ：70%
影のぼかし　 ：10pt
影の距離　　 ：10pt
```

⑦4つの画像にアート効果「**セメント**」を設定しましょう。

40

次のようにスライドを編集しましょう。

●完成図

⑧スライド10のSmartArtグラフィック内の3つの画像に**「オレンジ、アクセント1」**の枠線を設定し、角丸四角形の形にトリミングしましょう。

※プレゼンテーションに「第1章練習問題完成」と名前を付けて、フォルダー「第1章練習問題」に保存し、閉じておきましょう。

第2章 | **Chapter 2**

グラフィックの活用

Check	この章で学ぶこと	43
Step1	作成するちらしを確認する	44
Step2	スライドのサイズを変更する	45
Step3	スライドのテーマをアレンジする	49
Step4	画像を配置する	52
Step5	グリッド線とガイドを表示する	54
Step6	図形を作成する	58
Step7	図形に書式を設定する	63
Step8	オブジェクトの配置を調整する	67
Step9	図形を組み合わせてオブジェクトを作成する	73
Step10	テキストボックスを配置する	79
練習問題		88

Chapter 2

この章で学ぶこと

学習前に習得すべきポイントを理解しておき、
学習後には確実に習得できたかどうかを振り返りましょう。

1	スライドのサイズや向きを変更できる。	☑☑☑	→ P.45
2	スライドのレイアウトを変更できる。	☑☑☑	→ P.48
3	テーマの配色やフォントを変更できる。	☑☑☑	→ P.49
4	画像を配置できる。	☑☑☑	→ P.52
5	グリッド線とガイドの役割を理解し、設定できる。	☑☑☑	→ P.54
6	図形に枠線や塗りつぶし、回転などの書式を設定できる。	☑☑☑	→ P.63
7	図形の表示順序を変更できる。	☑☑☑	→ P.67
8	図形をグループ化できる。	☑☑☑	→ P.69
9	図形を整列できる。	☑☑☑	→ P.70
10	図形を結合できる。	☑☑☑	→ P.76
11	テキストボックスを作成し、書式を設定できる。	☑☑☑	→ P.79

Step 1 作成するちらしを確認する

1 作成するちらしの確認

次のようなちらしを作成しましょう。

- 図形の回転
- 表示順序の変更
- グループ化
- 図形の整列
- 画像の配置
- テキストボックスの作成
- テキストボックスの書式設定
- 図形の結合
- スライドのサイズの変更
- スライドのレイアウトの変更
- テーマの配色とフォントの変更

Step2 スライドのサイズを変更する

1 スライドのサイズの変更

「**スライドのサイズ**」を使うと、スライドの縦横比やサイズを変更できます。

通常のスライドを作成する場合は、スライドの縦横比をモニターの縦横比に合わせて作成しますが、ポスターやちらしなどのように紙に出力して利用する場合や、35mmスライドなどを作成する場合は、スライドのサイズを実際の用紙のサイズに合わせて変更する必要があります。

スライドのサイズを「**A4**」、スライドの向きを「**縦**」に設定しましょう。

 PowerPointを起動し、新しいプレゼンテーションを作成しておきましょう。

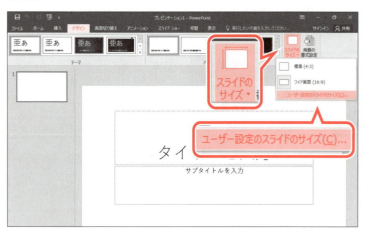

①《**デザイン**》タブを選択します。
②《**ユーザー設定**》グループの (スライドのサイズ)をクリックします。
③《**ユーザー設定のスライドのサイズ**》をクリックします。

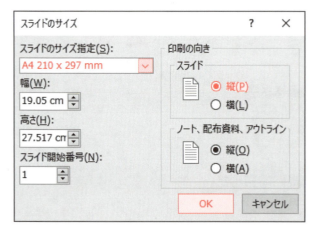

《**スライドのサイズ**》ダイアログボックスが表示されます。
④《**スライドのサイズ指定**》の をクリックし、一覧から《**A4**》を選択します。
⑤《**スライド**》の《**縦**》を ◉ にします。
⑥《**OK**》をクリックします。

《**Microsoft PowerPoint**》ダイアログボックスが表示されます。
⑦《**最大化**》をクリックします。
※現段階では、スライドに何も配置していないので、《**サイズに合わせて調整**》を選択してもかまいません。

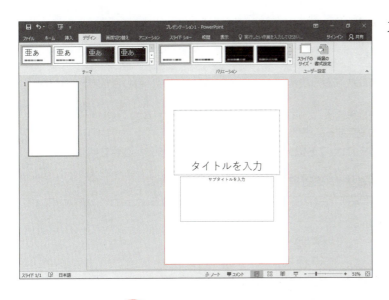

スライドのサイズと向きが変更されます。

> ⚠️ **POINT ▶▶▶**
>
> ### 画像や図形のサイズ
> PowerPointでは、スライドのサイズを変更したときに、画像や図形などのオブジェクトのサイズをどのサイズで表示するかを選択するメッセージが表示されます。
> あらかじめオブジェクトが挿入されているスライドのサイズを変更する場合は、オブジェクトの用途に応じて選択するとよいでしょう。
>
>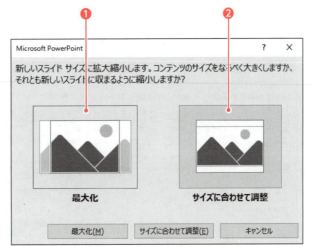
>
> **❶最大化**
> 現在よりスライドのサイズを拡大する場合に選択します。選択すると、スライド上に表示されているオブジェクトがスライドよりも大きく表示される場合があります。
>
> **❷サイズに合わせて調整**
> 現在よりスライドのサイズを縮小する場合に選択します。選択すると、スライド上に表示されているオブジェクトのサイズも縮小されて表示されます。

スライドのサイズ指定

ちらしやポスター、はがきなどを印刷して使う場合には、印刷する用紙のサイズに合わせてスライドのサイズを変更します。

用紙の周囲ぎりぎりまで印刷したい場合は、スライドのサイズを指定したあとで、実際の用紙サイズに合わせて、スライドの《幅》と《高さ》を変更する必要があります。

※用紙の周囲ぎりぎりまで印刷するには、フチなし印刷に対応しているプリンターが必要です。

●《スライドのサイズ指定》で用紙サイズを選択した場合

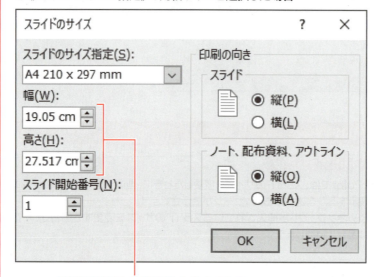

実際の用紙サイズよりやや小さくなる

●実際の用紙サイズに合わせて《幅》と《高さ》を手動で設定した場合

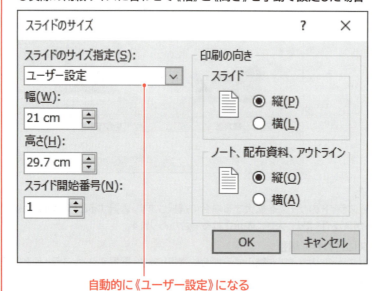

自動的に《ユーザー設定》になる

2 スライドのレイアウトの変更

新しいプレゼンテーションを作成すると、プレゼンテーションのタイトルを入力するための「**タイトルスライド**」が表示されます。
スライドには「**タイトルとコンテンツ**」や「**2つのコンテンツ**」といった様々なレイアウトが用意されており、レイアウトを選択するだけで、簡単にスライドのレイアウトを変更できます。
ちらしを作成するため、スライドのレイアウトを「**タイトルスライド**」から「**白紙**」に変更しましょう。

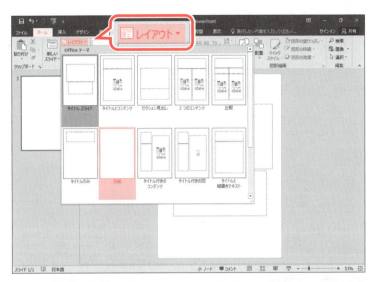

①《**ホーム**》タブを選択します。
②《**スライド**》グループの レイアウト▼ （スライドのレイアウト）をクリックします。
③《**白紙**》をクリックします。

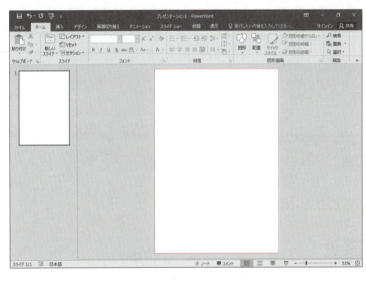

スライドのレイアウトが白紙に変更されます。

その他の方法（スライドのレイアウトの変更）
◆スライドを右クリック→《レイアウト》

Step3 スライドのテーマをアレンジする

1 テーマの適用

PowerPointでは、見栄えのするテーマが数多く用意されています。各テーマには、配色やフォント、効果などが登録されています。テーマを適用すると、そのテーマの色の組み合わせやフォント、図形のデザインなどが設定され、統一感のあるプレゼンテーションを作成できます。

スライド数の多いプレゼンテーションを作成する場合はもちろん、ちらしやポスターなど1枚の作品を作成する場合にも、統一感のある作品に仕上げるためにテーマを適用しておくとよいでしょう。

1 現在のテーマの確認

プレゼンテーションのテーマは、初期の設定で「Officeテーマ」が適用されています。
プレゼンテーションのテーマが「Officeテーマ」になっていることを確認しましょう。

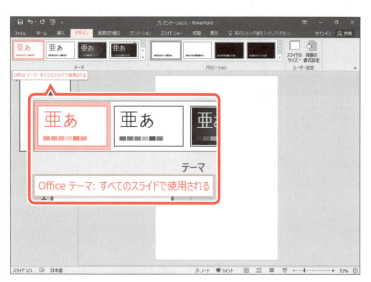

①《デザイン》タブを選択します。
②《テーマ》グループの選択されているテーマをポイントします。
③《Officeテーマ：すべてのスライドで使用される》と表示されることを確認します。

2 配色とフォントの変更

プレゼンテーションに適用されているテーマの配色やフォント、効果、背景のスタイルは、個別に変更できます。
テーマの配色とフォントを次のように変更しましょう。

> 配色　：赤紫
> フォント：TrebuchetMs　HGゴシックM　HG丸ゴシックM-PRO

①《デザイン》タブを選択します。
②《バリエーション》グループの ▼ （その他）をクリックします。

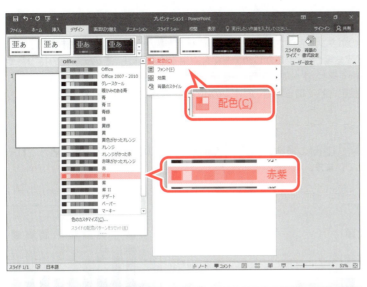

③《配色》をポイントします。
④《赤紫》をクリックします。

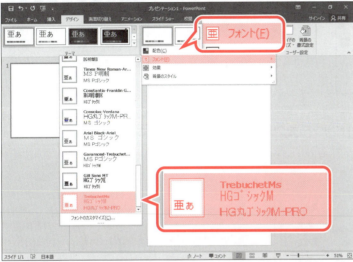

⑤《バリエーション》グループの ▼ (その他)をクリックします。
⑥《フォント》をポイントします。
⑦《TrebuchetMs HGゴシックM HG丸ゴシックM-PRO》をクリックします。
※一覧に表示されていない場合は、スクロールして調整します。

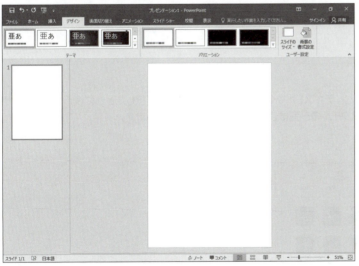

テーマの配色とフォントが変更されます。
※現段階では、スライドに何も入力していないので、結果が表示されません。設定した配色とフォントは、P.58「Step6 図形を作成する」以降で確認できます。

テーマとリボン

テーマを適用すると、リボンのボタンに表示される配色やフォント、効果の一覧が変更されます。
デザイン的なスライドを作成する場合は、あらかじめテーマを適用するようにし、そのテーマの持つ色やフォント、効果の一覧から選択すると、すべてのスライドを統一したデザインにすることができます。
テーマ「Officeテーマ」が設定されている場合のリボンのボタンに表示される内容は、次のようになります。

●配色

《ホーム》タブの 図形の塗りつぶし （図形の塗りつぶし）や A （フォントの色）などの一覧に表示される色は、テーマの配色に対応しています。

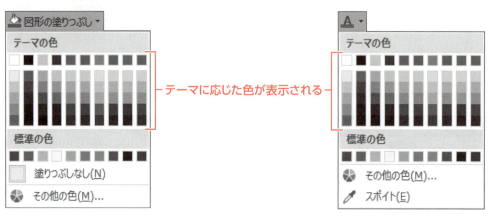

●フォント

《ホーム》タブの 游ゴシック Ligh （フォント）をクリックすると、一番上に表示されるフォントは、テーマのフォントに対応しています。

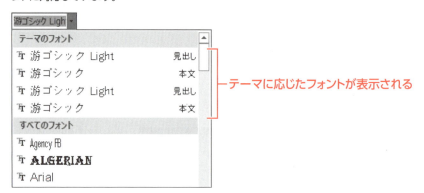

●効果

図形やSmartArtグラフィック、テキストボックスなどのオブジェクトを選択したときに表示される《デザイン》タブや《書式》タブのスタイルの一覧は、テーマの効果に対応しています。

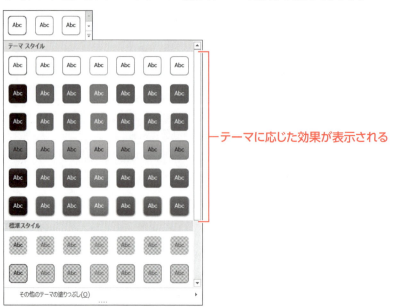

Step4 画像を配置する

1 画像の配置

ちらしやポスターなどを作成する場合に、イメージに合った画像を挿入すると、インパクトがあり表現力豊かな作品に仕上げることができます。
フォルダー**「第2章」**の画像**「写真撮影」**を挿入しましょう。

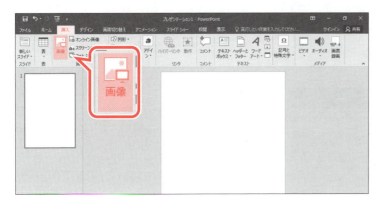

①《**挿入**》タブを選択します。
②《**画像**》グループの （図）をクリックします。

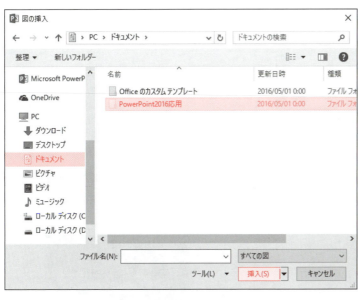

《図の挿入》ダイアログボックスが表示されます。
画像が保存されている場所を選択します。
③左側の一覧から《**ドキュメント**》を選択します。
※《ドキュメント》が表示されていない場合は、《PC》をダブルクリックします。
④右側の一覧から「**PowerPoint2016応用**」を選択します。
⑤《**挿入**》をクリックします。

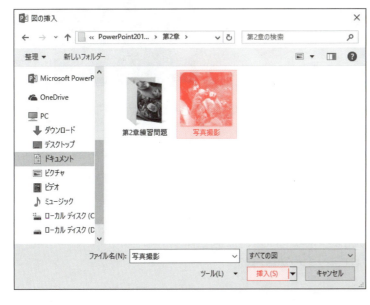

⑥一覧から「**第2章**」を選択します。
⑦《**挿入**》をクリックします。
挿入する画像を選択します。
⑧一覧から「**写真撮影**」を選択します。
⑨《**挿入**》をクリックします。

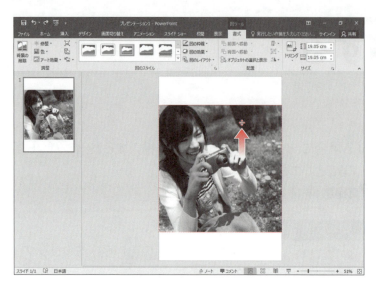

画像が挿入されます。
※リボンに《図ツール》の《書式》タブが表示されます。

⑩ Shift を押しながら、図のように画像を上にドラッグします。

※ Shift を押しながらドラッグすると、横位置を固定したまま移動できます。

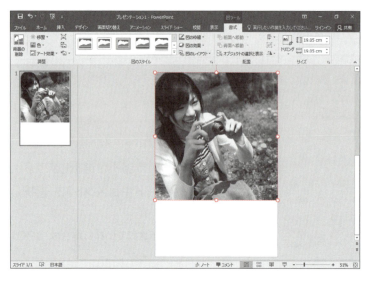

画像が移動します。

Let's Try ためしてみよう

次のように画像の下側をトリミングしましょう。

Let's Try Answer

① 画像を選択
② 《書式》タブを選択
③ 《サイズ》グループの （トリミング）をクリック
④ 下側の ━ を上に向かってドラッグして、トリミング範囲を設定
⑤ 画像以外の場所をクリック

グリッド線とガイドを表示する

1 グリッド線とガイド

テキストボックスや画像、図形などのオブジェクトを同じ高さにそろえて配置したり、同じサイズで作成したりする場合は、スライド上に「**グリッド線**」と「**ガイド**」を表示すると作業がしやすくなります。グリッド線はスライド上に等間隔で表示される点で、方眼紙の格子と同じようなイメージです。ガイドは、スライドを4分割する線です。
グリッド線もガイドも画面上に表示されるだけで印刷はされません。
グリッド線やガイドを表示してそのラインに沿って配置すると、見た目にも美しく、整然とした印象の作品に仕上げることができます。

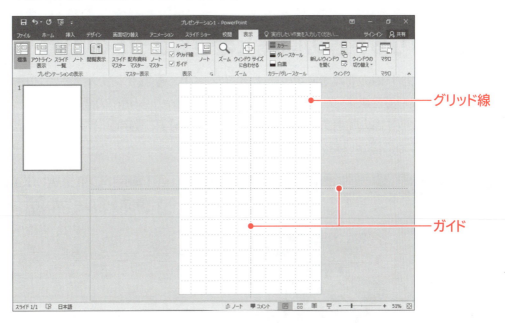

2 グリッド線とガイドの表示

スライドにグリッド線とガイドを表示しましょう。

①《**表示**》タブを選択します。
②《**表示**》グループの《**グリッド線**》を☑にします。
グリッド線が表示されます。

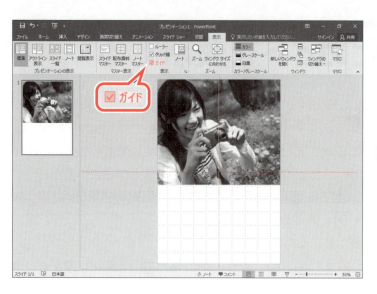

③《表示》グループの《ガイド》を☑にします。
ガイドが表示されます。

> **POINT ▶▶▶**
>
> **グリッド線とガイドの非表示**
> グリッド線やガイドを非表示にする方法は、次のとおりです。
> ◆《表示》タブ→《表示》グループの《☐グリッド線》または《☐ガイド》

3 グリッド線の間隔とオブジェクトの配置

グリッド線の間隔を変更したり、オブジェクトの配置をグリッド線に合わせるかどうかを設定したりできます。グリッド線の間隔は、約0.1cmから5cmの間で設定できます。
グリッド線の間隔を「2グリッド/cm（0.5cm）」に設定し、オブジェクトをグリッド線に合わせるように設定しましょう。

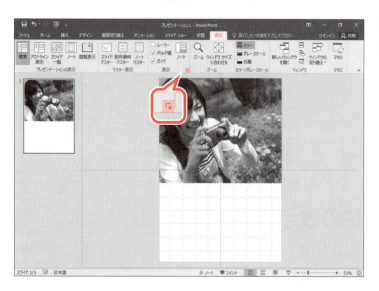

①《表示》タブを選択します。
②《表示》グループの 🔲 をクリックします。

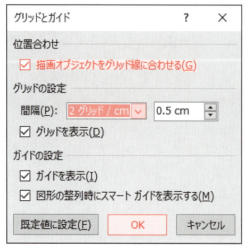

《グリッドとガイド》ダイアログボックスが表示されます。

③《描画オブジェクトをグリッド線に合わせる》を☑にします。
④《間隔》の左側のボックスの 🔽 をクリックし、一覧から《2グリッド/cm》を選択します。
⑤《間隔》が「0.5cm」になっていることを確認します。
※「2グリッド/cm」は、1cmのなかに2本のグリッド線を表示するという意味になり、0.5cm単位でグリッド線が表示されます。
⑥《OK》をクリックします。

グリッド線の設定が変更されます。

グリッド線の間隔が正しく表示されない場合

画面の表示倍率（ズーム）の状態によっては、グリッド線の間隔が正しく表示されない場合があります。その場合は、表示倍率を上げる（拡大する）と正しく表示されるようになります。

4 ガイドの移動

ガイドはスライドに配置するオブジェクトに合わせて位置を調整するとよいでしょう。ガイドはドラッグで移動できます。ガイドをドラッグすると、中心からの距離が表示されます。
水平方向のガイドを中心から上に「13.00」の位置に移動しましょう。

①水平方向のガイドをポイントします。
マウスポインターの形が に変わります。

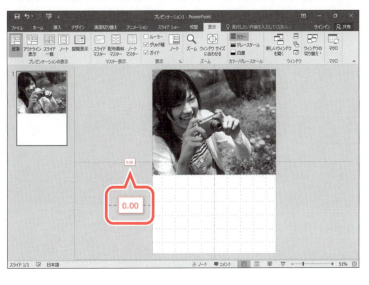

②クリックします。
クリックすると、中心からの距離が表示されます。

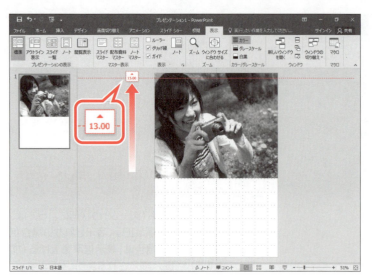

③図のように、中心からの距離が「13.00」の位置までドラッグします。

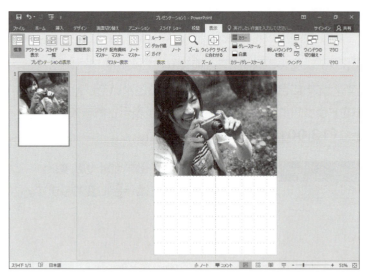

水平方向のガイドが移動されます。

> **POINT ▶▶▶**
>
> **ガイドのコピー**
> ガイドをコピーして複数表示できます。ガイドをコピーする場合は、 Ctrl を押しながらドラッグします。
>
> **ガイドの削除**
> コピーしたガイドを削除する場合は、ガイドをスライドの外にドラッグします。

Step6 図形を作成する

1 図形を利用したタイトルの作成

次のように、図形内にひと文字ずつ入力してちらしのタイトルを作成します。

2 図形の作成

ガイドに合わせて「**正方形**」を作成しましょう。表示倍率を変更し、グリッド線とガイドを見やすくしてから操作します。

1 表示倍率の変更

画面の表示倍率を「**100%**」に変更しましょう。

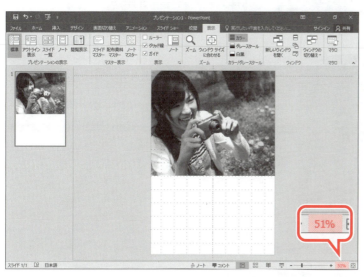

①ステータスバーの 51% をクリックします。
※お使いの環境によって、表示されている数値が異なる場合があります。

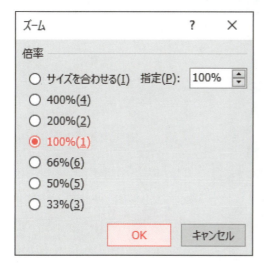

《ズーム》ダイアログボックスが表示されます。
②《倍率》の《100%》を◉にします。
③《OK》をクリックします。

画面の表示倍率が変更されます。

※スクロールして、スライドの上側を表示しておきましょう。

 その他の方法（表示倍率の変更）

◆《表示》タブ→《ズーム》グループの 🔍（ズーム）

2 正方形の作成

水平方向のガイドに合わせて正方形を作成しましょう。正方形を作成する場合は、Shift を押しながらドラッグします。

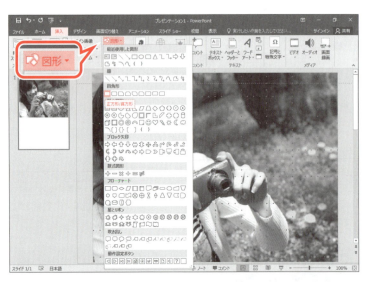

①《挿入》タブを選択します。
②《図》グループの 図形▼ （図形）をクリックします。
③《四角形》の □ （正方形/長方形）をクリックします。

④ Shift を押しながら、図のようにドラッグします。

正方形が作成されます。
※図形にはあらかじめスタイルが適用されています。
※リボンに《描画ツール》の《書式》タブが表示されます。

3 図形への文字の入力

作成した図形に文字を入力できます。
図形に「写」と入力しましょう。

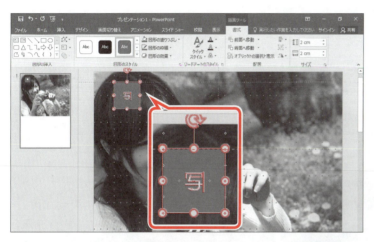

①図形が選択されていることを確認します。
②「写」と入力します。

③図形以外の場所をクリックします。
図形に入力した文字が確定されます。

ためしてみよう
図形に入力されている文字のフォントサイズを48ポイントに変更しましょう。

Let's Try Answer

①図形を選択
②《ホーム》タブを選択
③《フォント》グループの 18 ▼ （フォントサイズ）の ▼ をクリックし、一覧から《48》を選択

3 図形のコピーと文字の修正

同じサイズの図形をいくつも作成する場合は、最初に作成した図形をコピーすると効率よく作業できます。
図形をコピーし、入力された文字を修正しましょう。

1 図形のコピー

「写」と入力された図形をコピーしましょう。

① 「写」と入力された図形を選択します。
② Ctrl を押しながら、図のようにドラッグします。
※水平方向のガイドに合わせてドラッグします。

図形がコピーされます。

2 文字の修正

コピーした図形内の文字を「真」に修正しましょう。

① コピーした図形が選択されていることを確認します。
② 「写」を選択します。

③「真」と入力します。

④図形以外の場所をクリックします。
図形に入力した文字が確定されます。

Let's Try ためしてみよう

次のように図形をコピーして、文字を修正しましょう。

Let's Try Answer

①「真」と入力されている図形を選択
② Ctrl を押しながら、右にドラッグしてコピー
③「真」を「コ」に修正
④同様に、図形をコピーし、文字をそれぞれ「ン」「テ」「ス」「ト」に修正

Step7 図形に書式を設定する

1 図形の枠線

「写」と入力された図形の枠線の色と太さを次のように変更しましょう。

> 枠線の色　：白、背景1、黒+基本色50%
> 枠線の太さ：1.5pt

①「写」と入力された図形を選択します。

② 《書式》タブを選択します。
③ 《図形のスタイル》グループの 図形の枠線 ▼ （図形の枠線）をクリックします。
④ 《テーマの色》の《白、背景1、黒+基本色50%》をクリックします。

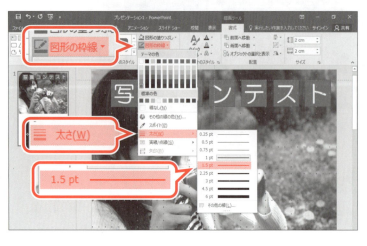

⑤ 《図形のスタイル》グループの 図形の枠線 ▼ （図形の枠線）をクリックします。
⑥ 《太さ》をポイントします。
⑦ 《1.5pt》をクリックします。

図形の枠線の色と太さが変更されます。

※図形以外の場所をクリックし、選択を解除して、図形の枠線を確認しておきましょう。

Let's Try ためしてみよう

「写」と入力された図形に設定した枠線の色と太さを、「真」「コ」「ン」「テ」「ス」「ト」と入力されたそれぞれの図形にコピーしましょう。

Let's Try Answer

①「写」と入力された図形を選択
②《ホーム》タブを選択
③《クリップボード》グループの (書式のコピー/貼り付け)をダブルクリック
④「真」と入力された図形をクリック
⑤同様に、「コ」「ン」「テ」「ス」「ト」と入力された図形をクリック
⑥ Esc を押す

2 図形の塗りつぶし

「真」と入力された図形の塗りつぶしの色を「青、アクセント3」に変更しましょう。

①「真」と入力された図形を選択します。

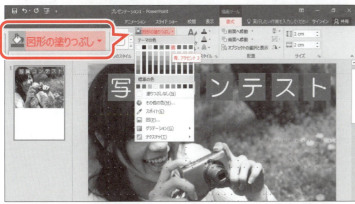

②《書式》タブを選択します。
③《図形のスタイル》グループの 図形の塗りつぶし ▼ (図形の塗りつぶし)をクリックします。
④《テーマの色》の《青、アクセント3》をクリックします。

図形の塗りつぶしの色が変更されます。

POINT ▶▶▶

スポイトを使った色の指定

「スポイト」を使うと、スライド上にあるほかの図形や画像などの色を簡単にコピーできます。色名がわからなくても図形や画像の使いたい色の部分をクリックするだけでその色を設定できるので、わざわざリボンから色を選択する必要がなく、直感的に操作できます。ほかの図形や画像などと色を合わせたいときなどに便利な機能です。
スポイトは、文字やワードアート、図形、グラフなど、色を設定できるオブジェクトすべてに使えます。
スポイトを使って別のオブジェクトに色を設定する方法は、次のとおりです。

◆色を設定したいオブジェクトを選択→《書式》タブ→《図形のスタイル》グループの （図形の塗りつぶし）→《スポイト》→マウスポインターの形が に変わったら、オブジェクトに設定したいほかのオブジェクトの色をクリック

Let's Try　ためしてみよう

「テ」と入力された図形の塗りつぶしの色を「青、アクセント4」に変更しましょう。

Let's Try Answer

①「テ」と入力された図形を選択
②《書式》タブを選択
③《図形のスタイル》グループの （図形の塗りつぶし）をクリック
④《テーマの色》の《青、アクセント4》（左から8番目、上から1番目）をクリック

3 図形の回転

作成した図形は自由に回転できます。図形内に文字を入力している場合は、その文字も一緒に回転されます。

「真」と入力された図形と「ト」と入力された図形を回転しましょう。

①「真」と入力された図形を選択します。
②図のように、図形の上側に表示される をドラッグします。

図形が回転されます。
③「ト」と入力された図形を選択します。
④図のように、図形の上側に表示される をドラッグします。

図形が回転されます。
※図形以外の場所をクリックし、選択を解除しておきましょう。

角度を指定して回転する

角度を指定して図形を回転することもできます。
角度を指定して図形を回転する方法は、次のとおりです。

◆図形を選択→《書式》タブ→《配置》グループの （オブジェクトの回転）→《その他の回転オプション》→《図形のオプション》→ （サイズとプロパティ）→《サイズ》→《回転》で角度を設定

Step8 オブジェクトの配置を調整する

1 図形の表示順序

複数の図形を重ねて作成すると、あとから作成した図形が前面に表示されます。
図形の重なりの順序は自由に変更することができます。

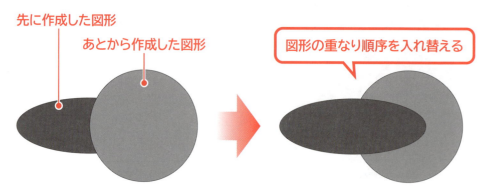

先に作成した図形
あとから作成した図形
図形の重なり順序を入れ替える

「写」と入力された図形の前面に正方形を作成し、表示順序を変更しましょう。

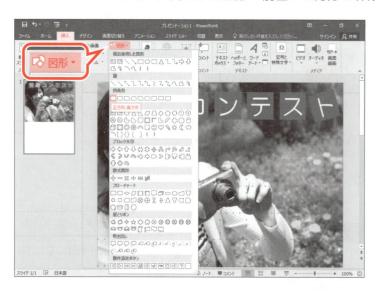

①《挿入》タブを選択します。
②《図》グループの 図形▼ (図形)をクリックします。
③《四角形》の □ (正方形/長方形)をクリックします。

④ Shift を押しながら、図のようにドラッグします。

「真」と入力された図形の前面に正方形が作成されます。
表示順序を変更します。
⑤「真」と入力された図形を選択します。
⑥《書式》タブを選択します。
⑦《配置》グループの 前面へ移動 （前面へ移動）の をクリックします。
⑧《最前面へ移動》をクリックします。

図形の表示順序が変更されます。

Let's Try　ためしてみよう

次のようにスライドを編集しましょう。
①「ト」と入力された図形の背面に正方形を作成しましょう。正方形の塗りつぶしの色は「青、アクセント3」にします。
②「写」と入力された図形に設定した枠線の色と太さを、「真」と入力された図形の背面にある図形にコピーしましょう。
③「真」と入力された図形に設定した枠線の色と太さを、「ト」と入力された図形の背面にある図形にコピーしましょう。

Let's Try Answer

①
①《挿入》タブを選択
②《図》グループの 図形 （図形）をクリック
③《四角形》の （正方形/長方形）をクリック
④ Shift を押しながら、始点から終点までドラッグして、正方形を作成
⑤あとから作成した図形が選択されていることを確認
⑥《書式》タブを選択
⑦《図形のスタイル》グループの 図形の塗りつぶし （図形の塗りつぶし）をクリック
⑧《テーマの色》の《青、アクセント3》（左から7番目、上から1番目）をクリック
⑨「ト」と入力された図形を選択
⑩《配置》グループの 前面へ移動 （前面へ移動）の をクリック
⑪《最前面へ移動》をクリック

②
①「写」と入力された図形を選択
②《ホーム》タブを選択
③《クリップボード》グループの （書式のコピー/貼り付け）をクリック
④「真」と入力された図形の背面にある図形をクリック

③
①「真」と入力された図形を選択
②《ホーム》タブを選択
③《クリップボード》グループの （書式のコピー/貼り付け）をクリック
④「ト」と入力された図形の背面にある図形をクリック

2 図形のグループ化

「グループ化」とは、複数の図形をひとつの図形として扱えるようにまとめることです。グループ化すると、複数の図形の位置関係（重なり具合や間隔など）を保持したまま移動したり、サイズを変更したりできます。
「真」と入力された図形とその背面の図形をグループ化しましょう。

①「真」と入力された図形を選択します。
②[Shift]を押しながら、背面の図形を選択します。
※どちらを先に選択してもかまいません。

③《書式》タブを選択します。
④《配置》グループの  （オブジェクトのグループ化）をクリックします。
⑤《グループ化》をクリックします。

2つの図形がグループ化されます。

 その他の方法（グループ化）

◆グループ化する図形をすべて選択→選択した図形を右クリック→《グループ化》→《グループ化》

Let's Try ためしてみよう

「ト」と入力された図形とその背面の図形をグループ化しましょう。

Let's Try Answer

①「ト」と入力された図形を選択
②[Shift]を押しながら、背面の図形を選択
③《書式》タブを選択
④《配置》グループの  （オブジェクトのグループ化）をクリック
⑤《グループ化》をクリック

3 図形の整列

複数の図形を並べて配置する場合は、間隔を均等にしたり、図形の上側や中心をそろえて整列したりすると、整った印象を与えます。

●左右中央揃え

左端の図形と右端の図形の中心となる位置に、それぞれの図形の中心をそろえて配置します。

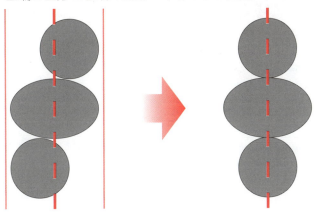

●下揃え

複数の図形の下側の位置をそろえて配置します。

●左右に整列

左端の図形と右端の図形を基準にして、その間にある図形を等間隔で配置します。

4 配置の調整

「写」から「ト」までの7つの図形を等間隔で配置しましょう。

1 両端の図形の移動

「写」と入力された図形と、「ト」と入力された図形の位置を調整しましょう。

①「写」と入力された図形を選択します。
②図のようにドラッグします。

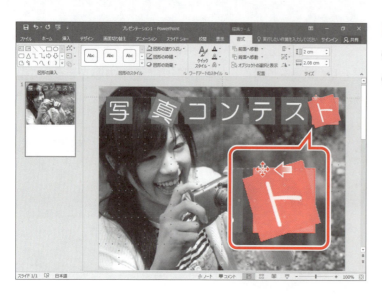

図形が移動します。

③「ト」と入力された図形を選択します。

④図のようにドラッグします。

図形が移動します。

!POINT▶▶▶

グリッド線に合わせずに配置する

《グリッドとガイド》ダイアログボックスで、《描画オブジェクトをグリッド線に合わせる》を☑にしていると、グリッド線に合わせて図形が移動します。
グリッド線に合わせずに移動したい場合は、[Alt]を押しながらドラッグします。

2 左右に整列

「写」から「ト」までの7つの図形を左右に整列しましょう。

① 「ト」と入力された図形が選択されていることを確認します。
② Shift を押しながら、その他の図形を選択します。

③《書式》タブを選択します。
④《配置》グループの（オブジェクトの配置）をクリックします。
⑤《左右に整列》をクリックします。

7つの図形が左右均等に整列されます。
※図形以外の場所をクリックし、選択を解除しておきましょう。

Step 9 図形を組み合わせてオブジェクトを作成する

1 図形を組み合わせたオブジェクトの作成

次のように、「正方形/長方形」「片側の2つの角を切り取った四角形」「ドーナツ」の図形を組み合わせてカメラのイラストを作成します。

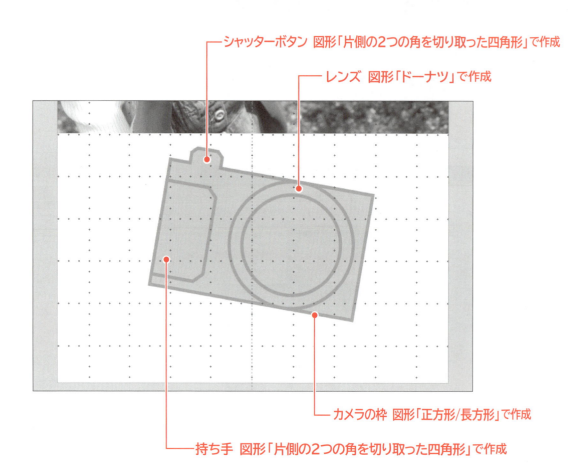

シャッターボタン 図形「片側の2つの角を切り取った四角形」で作成

レンズ 図形「ドーナツ」で作成

カメラの枠 図形「正方形/長方形」で作成

持ち手 図形「片側の2つの角を切り取った四角形」で作成

2 図形の作成

長方形を作成して、カメラの枠を作成しましょう。

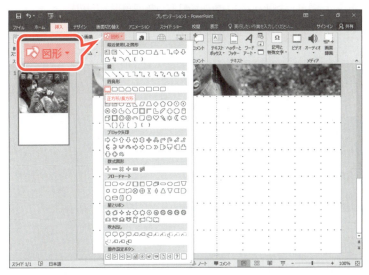

①カメラのイラストを作成する位置を表示します。
②《挿入》タブを選択します。
③《図》グループの 図形 (図形)をクリックします。
④《四角形》の □ (正方形/長方形)をクリックします。

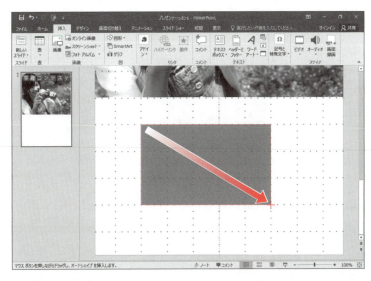

⑤図のようにドラッグします。

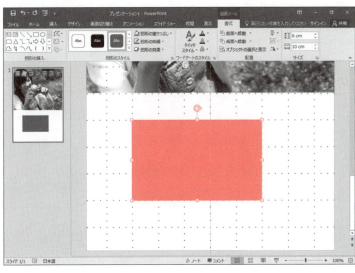

カメラの枠が作成されます。

74

Let's Try ためしてみよう

次のように図形を作成しましょう。

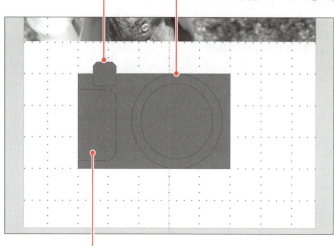

シャッターボタン　図形「片側の2つの角を切り取った四角形」で作成
レンズ　図形「ドーナツ」で作成
持ち手　図形「片側の2つの角を切り取った四角形」で作成

①カメラのシャッターボタンを作成しましょう。
②シャッターボタンの図形をコピーし、カメラの持ち手を作成しましょう。持ち手は回転して配置します。
③カメラのレンズを作成しましょう。レンズは正円にし、レンズ枠を細くします。

Let's Try Answer

①

①《挿入》タブを選択
②《図》グループの ![図形] (図形) をクリック
③《四角形》の (片側の2つの角を切り取った四角形) をクリック
④始点から終点までドラッグして、シャッターボタンを作成
⑤シャッターボタンをドラッグして移動
※グリッド線に合わせずに図形を配置するには、[Alt]を押しながらドラッグします。

②

①シャッターボタンを選択
②[Ctrl]を押しながら、下にドラッグしてコピー
③《書式》タブを選択
④《配置》グループの (オブジェクトの回転) をクリック
⑤《右へ90度回転》をクリック
⑥持ち手をドラッグして移動
⑦持ち手の○(ハンドル)をドラッグしてサイズ変更

③

①《挿入》タブを選択
②《図》グループの ![図形] (図形) をクリック
③《基本図形》の ○ (ドーナツ) をクリック
④[Shift]を押しながら、始点から終点までドラッグして、レンズを作成
⑤黄色の○(ハンドル)を左にドラッグして、レンズ枠の太さを調整

3 図形の結合

「**図形の結合**」を使うと、図形と図形をつなぎ合わせたり、図形と図形が重なりあった部分だけを抽出したりして、新しい図形を作成できます。

●接合
図形と図形をつなぎ合わせて、ひとつの図形に結合します。

●型抜き/合成
図形と図形をつなぎ合わせてひとつの図形にし、重なりあった部分を型抜きします。

 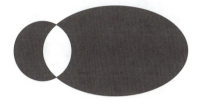

●切り出し
図形と図形を重ね合わせたときに、重なりあった部分を別々の図形にします。

 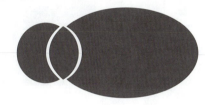

●重なり抽出
図形と図形を重ね合わせたときに、重なりあった部分を図形として取り出します。

●単純型抜き
図形と図形を重ね合わせたときに、重なりあった部分を型抜きします。型抜きしたときに残る図形は先に選択した図形です。

カメラの枠（長方形）とシャッターボタン（片側の2つの角を切り取った四角形）を結合して、カメラの外枠を作成しましょう。

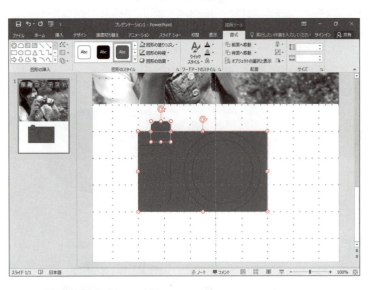

①カメラの枠を選択します。
②[Shift]を押しながら、シャッターボタンを選択します。

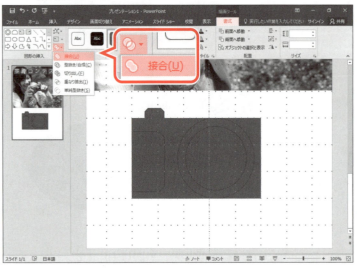

③《書式》タブを選択します。
④《図形の挿入》グループの (図形の結合)をクリックします。
⑤《接合》をクリックします。

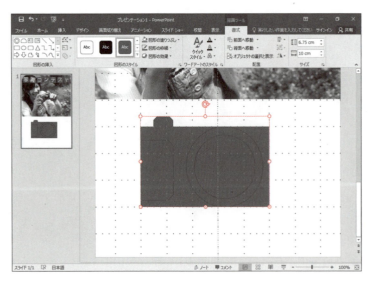

2つの図形が結合され、カメラの外枠が作成されます。

Let's Try ためしてみよう

次のように図形を編集しましょう。

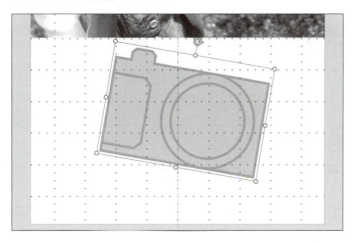

①カメラの外枠と持ち手、レンズをグループ化しましょう。
②塗りつぶしの色を「ピンク、アクセント1、白+基本色80%」に設定しましょう。
③枠線の色を「ピンク、アクセント1、白+基本色60%」、枠線の太さを「4.5pt」に設定しましょう。
④カメラのイラストを回転し、位置を調整しましょう。

Let's Try Answer

①
①カメラの外枠を選択
②[Shift]を押しながら、持ち手とレンズを選択
③《書式》タブを選択
④《配置》グループの [アイコン] (オブジェクトのグループ化)をクリック
⑤《グループ化》をクリック

②
①グループ化したカメラの外枠と持ち手、レンズを選択
②《書式》タブを選択
③《図形のスタイル》グループの [図形の塗りつぶし] (図形の塗りつぶし)をクリック
④《テーマの色》の《ピンク、アクセント1、白+基本色80%》(左から5番目、上から2番目)をクリック

③
①カメラのイラストを選択
②《書式》タブを選択
③《図形のスタイル》グループの [図形の枠線] (図形の枠線)をクリック
④《テーマの色》の《ピンク、アクセント1、白+基本色60%》(左から5番目、上から3番目)をクリック
⑤《図形のスタイル》グループの [図形の枠線] (図形の枠線)をクリック
⑥《太さ》をポイント
⑦《4.5pt》をクリック

④
①カメラのイラストを選択
② をドラッグして回転
③カメラのイラストをドラッグして移動

Step 10 テキストボックスを配置する

1 テキストボックス

「テキストボックス」を使うと、スライド上の自由な位置に文字を配置できます。テキストボックスには、縦書きと横書きの2つの種類があります。

2 横書きテキストボックスの作成

横書きテキストボックスを作成し、「Let's Enjoy a CAMERA!」と入力しましょう。

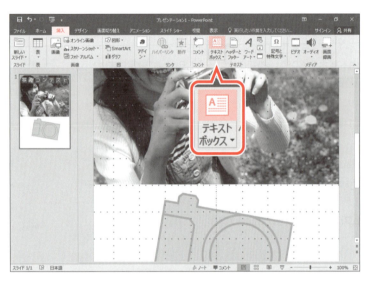

①テキストボックスを作成する位置を表示します。
②《**挿入**》タブを選択します。
③《**テキスト**》グループの ![A] (横書きテキストボックスの描画) をクリックします。

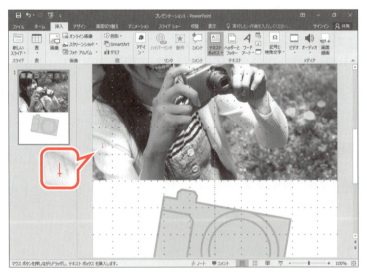

マウスポインターの形が↓に変わります。
④図の位置をクリックします。

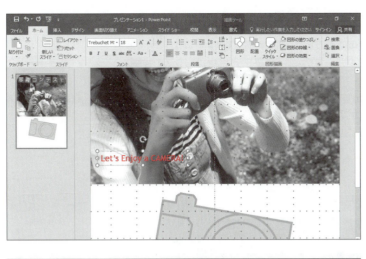

横書きテキストボックスが表示されます。
※リボンに《描画ツール》の《書式》タブが表示されます。
⑤「Let's Enjoy a CAMERA!」と入力します。
※半角で入力します。

⑥テキストボックスを選択します。
⑦図のように、左側の○（ハンドル）をドラッグしてサイズを変更します。

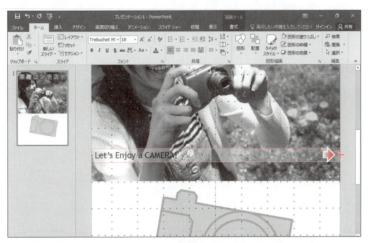

⑧同様に、右側の○（ハンドル）をドラッグしてサイズを変更します。

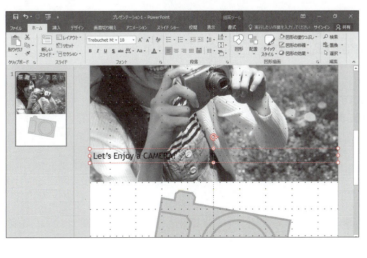

テキストボックスのサイズが変更されます。

縦書きテキストボックスの作成

縦書きテキストボックスを作成する方法は、次のとおりです。

◆《挿入》タブ→《テキスト》グループの （横書きテキストボックスの描画）の テキストボックス →《縦書きテキストボックス》

※縦書きテキストボックスを作成すると、 （横書きテキストボックスの描画）は、 （縦書きテキストボックスの描画）に表示が切り替わります。

 ためしてみよう

次のようにテキストボックスを作成しましょう。

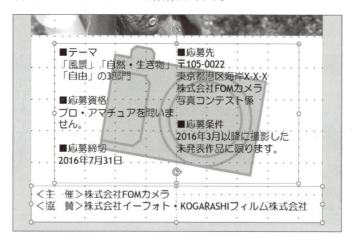

①横書きテキストボックスを作成し、次のように入力しましょう。

```
■テーマ[Enter]
「風景」「自然・生き物」「自由」の3部門[Enter]
[Enter]
■応募資格[Enter]
プロ・アマチュアを問いません。[Enter]
[Enter]
■応募締切[Enter]
2016年7月31日[Enter]
[Enter]
■応募先[Enter]
〒105-0022[Enter]
東京都港区海岸X-X-X[Enter]
株式会社FOMカメラ[Enter]
写真コンテスト係[Enter]
[Enter]
■応募条件[Enter]
2016年3月以降に撮影した未発表作品に限ります。[Enter]
```

※英数字は半角で入力します。
※「■」は「しかく」と入力して変換します。
※「〒」は「ゆうびん」と入力して変換します。

②①で作成したテキストボックスを2段組みにし、テキストボックスのサイズを調整しましょう。テキストボックスは自動調整なしにします。

> **Hint**
> ・テキストボックスを2段組みにするには、《ホーム》タブ→《段落》グループを使います。
> ・テキストボックスのサイズを自動調整なしにするには、《図形の書式設定》作業ウィンドウの《図形のオプション》の ⊞ （サイズとプロパティ）→《テキストボックス》を使います。

③横書きテキストボックスを作成し、次のように入力しましょう。

```
<主　催>株式会社FOMカメラ Enter
<協　賛>株式会社イーフォト・KOGARASHIフィルム株式会社
```

※英字は半角で入力します。

④③で作成したテキストボックスのサイズを調整しましょう。テキストボックスは自動調整なしにします。

Let's Try Answer

①
①《挿入》タブを選択
②《テキスト》グループの ▣ （横書きテキストボックスの描画）をクリック
③始点でクリック
④文字を入力

②
①テキストボックスを選択
②《ホーム》タブを選択
③《段落》グループの ≡▼ （段の追加または削除）をクリック
④《2段組み》をクリック
⑤テキストボックスを右クリック
⑥《図形の書式設定》をクリック
⑦《図形のオプション》の ⊞ （サイズとプロパティ）をクリック
⑧《テキストボックス》をクリック
⑨《自動調整なし》を ⦿ にする
⑩作業ウィンドウの ✕ （閉じる）をクリック
⑪テキストボックスの○（ハンドル）をドラッグしてサイズ変更

③
①《挿入》タブを選択
②《テキスト》グループの ▣ （横書きテキストボックスの描画）をクリック
③始点でクリック
④文字を入力

④
①テキストボックスを右クリック
②《図形の書式設定》をクリック
③《図形のオプション》の ⊞ （サイズとプロパティ）をクリック
④《テキストボックス》が展開されていることを確認
⑤《自動調整なし》を ⦿ にする
⑥作業ウィンドウの ✕ （閉じる）をクリック
⑦テキストボックスの○（ハンドル）をドラッグしてサイズ変更

3 テキストボックスの書式設定

テキストボックスに入力された文字やテキストボックス自体の書式を設定できます。
文字の書式を設定する場合、テキストボックス全体を選択して操作を行うと、テキストボックスに入力されているすべての文字に対して書式が設定されます。テキストボックス内の一部の文字を選択して操作を行うと、選択された文字だけに書式が設定されます。

1 テキストボックス全体の書式設定

「Let's Enjoy a CAMERA!」と入力したテキストボックスのすべての文字に対して、次のような書式を設定しましょう。

```
フォント      ：Britannic Bold
フォントサイズ：40ポイント
フォントの色  ：ピンク、アクセント1
中央揃え
```

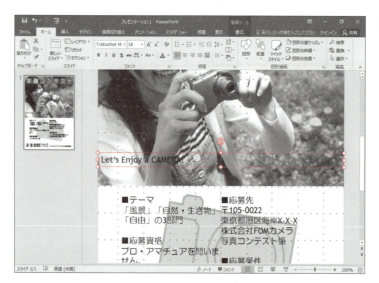

①テキストボックスを選択します。

②《ホーム》タブを選択します。
③《フォント》グループの [____] （フォント）の [▼] をクリックし、一覧から《Britannic Bold》を選択します。

※一覧に表示されていない場合は、スクロールして調整します。

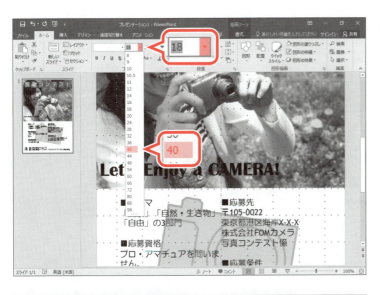

④《フォント》グループの 18 ▼ (フォントサイズ)の ▼ をクリックし、一覧から《40》を選択します。

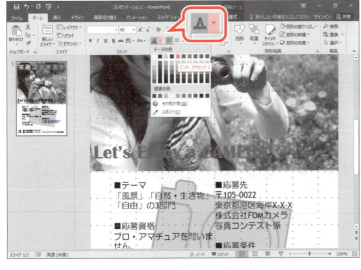

⑤《フォント》グループの A▼ (フォントの色)の ▼ をクリックします。
⑥《テーマの色》の《ピンク、アクセント1》をクリックします。

⑦《段落》グループの ≡ (中央揃え)をクリックします。

テキストボックス内の文字に書式が設定されます。

2 テキストボックスの塗りつぶし

テキストボックスの文字と画像の色が重なって見えにくい場合は、テキストボックスに塗りつぶしを設定することで、文字を目立たせることができます。

塗りつぶしには、単色での塗りつぶしや複数の色でのグラデーションなど様々な種類があり、好みに応じて設定できます。また、画像を挿入したり、塗りつぶした色に透過を設定したりすることもできます。

「Let's Enjoy a CAMERA!」と入力したテキストボックスに、次のような書式を設定しましょう。

塗りつぶしの色：白、背景1
透明度　　　：50%
ぼかし　　　：3pt

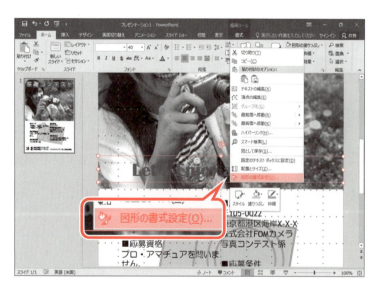

①テキストボックスが選択されていることを確認します。
②テキストボックスを右クリックします。
③**《図形の書式設定》**をクリックします。

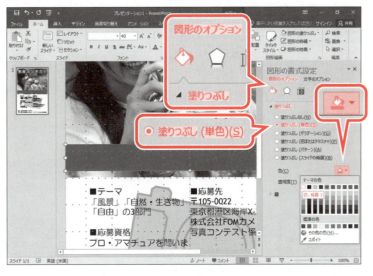

《図形の書式設定》作業ウィンドウが表示されます。

④《図形のオプション》の (塗りつぶしと線)をクリックします。

⑤《塗りつぶし》をクリックします。

⑥《塗りつぶし(単色)》を◉にします。

⑦《色》の (塗りつぶしの色)をクリックします。

⑧《テーマの色》の《白、背景1》をクリックします。

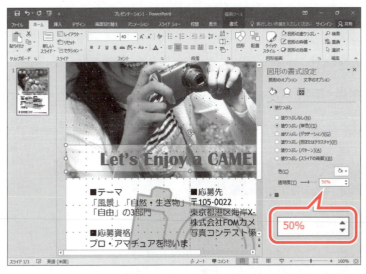

⑨《透明度》を「50%」に設定します。

テキストボックスに塗りつぶしが設定されます。

⑩《図形のオプション》の (効果)をクリックします。

⑪《ぼかし》をクリックします。

⑫《サイズ》を「3pt」に設定します。

⑬作業ウィンドウの × (閉じる)をクリックします。

テキストボックスにぼかしが設定されます。

Let's Try ためしてみよう

「＜主　催＞」と「＜協　賛＞」が入力されているテキストボックスに、次のような書式を設定しましょう。

> 塗りつぶしの色　：青、アクセント4、黒+基本色50%
> フォントの色　　：白、背景1
> 文字の配置　　　：上下中央揃え

Let's Try Answer

①「＜主　催＞」と「＜協　賛＞」が入力されているテキストボックスを選択
②《書式》タブを選択
③《図形のスタイル》グループの 図形の塗りつぶし（図形の塗りつぶし）をクリック
④《テーマの色》の《青、アクセント4、黒+基本色50%》（左から8番目、上から6番目）をクリック
⑤《ホーム》タブを選択
⑥《フォント》グループの A（フォントの色）の をクリック
⑦《テーマの色》の《白、背景1》（左から1番目、上から1番目）をクリック
⑧《段落》グループの （文字の配置）をクリック
⑨《上下中央揃え》をクリック

※グリッド線とガイドを非表示にしておきましょう。
※ちらしに「グラフィックの活用完成」と名前を付けて、フォルダー「第2章」に保存し、閉じておきましょう。

Exercise 練習問題

解答 ▶ 別冊P.3

PowerPointを起動し、新しいプレゼンテーションを開いておきましょう。

次のようなちらしを作成しましょう。

●完成図

①スライドのサイズを「A4」、スライドの向きを「縦」に設定しましょう。

②スライドのレイアウトを「白紙」に変更しましょう。

③プレゼンテーションのテーマの配色とフォントを次のように変更しましょう。

> テーマの配色　　：赤
> テーマのフォント：Corbel　HGゴシックM　HGゴシックM

④グリッド線とガイドを表示し、次のように設定しましょう。

> 描画オブジェクトをグリッド線に合わせる
> グリッドの間隔　　　　　　：5グリッド/cm（0.2cm）
> 水平方向のガイドの位置：中心から上に8.00の位置
> 　　　　　　　　　　　　　　　中心から下に10.00の位置

Hint 2本目のガイドはコピーします。

⑤完成図を参考に、長方形を作成し、次のように入力しましょう。長方形の高さは水平方向のガイドに合わせます。

※画面の表示倍率を上げると、操作しやすくなります。

> 2016.10.2(Sun) [Enter]
> Special Open

※半角で入力します。

⑥長方形に、次のような書式を設定しましょう。

> フォント　　　　：Consolas
> フォントサイズ：54ポイント
> 右揃え

⑦図形を組み合わせて、木のイラストを作成しましょう。
　次に、二等辺三角形と長方形の配置を左右中央揃えにし、図形のスタイル「**枠線-淡色1、塗りつぶし-茶、アクセント4**」を適用しましょう。

葉　図形「二等辺三角形」で作成

幹　図形「正方形/長方形」で作成

⑧葉と幹を「**接合**」で結合しましょう。
次に、結合した木のイラストを右にコピーし、完成図を参考に、位置を調整しましょう。

⑨フォルダー「**第2章練習問題**」の画像「**レストラン**」を挿入しましょう。
次に、完成図を参考に、位置を調整しましょう。

⑩画像の下に横書きテキストボックスを作成し、次のように入力しましょう。

```
ブナの森レストラン Enter
〒183-0001　東京都府中市浅間町X-X-X Enter
Enter
ご予約・お問い合わせ：042-363-XXXX Enter
営業時間：9時～22時
```

※英数字は半角で入力します。
※「〒」は「ゆうびん」と入力して変換します。
※「～」は「から」と入力して変換します。

⑪テキストボックスに、次のような書式を設定しましょう。

```
フォント　　　　：Consolas
フォントサイズ　：20ポイント
フォントの色　　：茶、アクセント5、黒+基本色50%
```

⑫テキストボックスの「**ブナの森レストラン**」に、次のような書式を設定しましょう。
次に、完成図を参考に、テキストボックスの位置を調整しましょう。

```
フォントサイズ：32ポイント
文字の影
```

⑬完成図を参考に、縦書きテキストボックスを作成し、次のように入力しましょう。

```
身も心も癒される Enter
食材にこだわった Enter
オーガニックレストラン
```

⑭テキストボックスに、次のような書式を設定しましょう。
次に、完成図を参考に、位置を調整しましょう。

```
フォントサイズ　：28ポイント
フォントの色　　：白、背景1
塗りつぶしの色　：黒、テキスト1、白+基本色5%
透明度　　　　　：50%
ぼかし　　　　　：5pt
```

⑮完成図を参考に、長方形を作成し、次のように入力しましょう。長方形の高さは水平方向のガイドに合わせます。

```
SERVICE　TICKET Enter
Enter
ドリンク1杯無料
```

※英数字は半角で入力します。

⑯長方形に、次のような書式を設定しましょう。

```
フォント　　　　：Consolas
図形の塗りつぶし：オレンジ、アクセント3
左揃え
```

⑰図形を組み合わせて、コーヒーカップのイラストを作成しましょう。
　次に、光（星4）の塗りつぶしの色を「白、背景1」にし、4つの図形をグループ化しましょう。

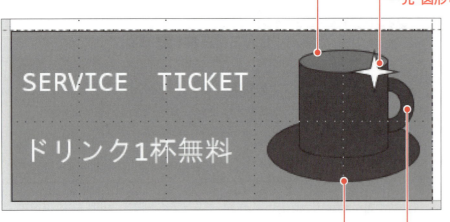

コーヒーカップ　図形「円柱」で作成
光　図形「星4」で作成
持ち手　図形「アーチ」で作成
受け皿　図形「楕円」で作成

⑱完成図を参考に、⑮で作成した長方形とコーヒーカップのイラストをグループ化し、右にコピーしましょう。

⑲グリッド線とガイドを非表示にしましょう。

※ちらしに「第2章練習問題完成」と名前を付けて、フォルダー「第2章練習問題」に保存し、閉じておきましょう。

第3章 | **Chapter 3**

マルチメディアの活用

Check	この章で学ぶこと	93
Step1	作成するプレゼンテーションを確認する	94
Step2	ビデオを挿入する	96
Step3	ビデオを編集する	103
Step4	オーディオを挿入する	109
Step5	プレゼンテーションのビデオを作成する	117
練習問題		121

Chapter 3

この章で学ぶこと

学習前に習得すべきポイントを理解しておき、
学習後には確実に習得できたかどうかを振り返りましょう。

1	ビデオを挿入できる。	☑☑☑	➡ P.96
2	スライド上でビデオを再生できる。	☑☑☑	➡ P.99
3	ビデオの移動とサイズ変更ができる。	☑☑☑	➡ P.101
4	ビデオの明るさとコントラストを調整できる。	☑☑☑	➡ P.103
5	ビデオにスタイルを適用できる。	☑☑☑	➡ P.104
6	ビデオをトリミングできる。	☑☑☑	➡ P.105
7	スライドショーでビデオを再生できる。	☑☑☑	➡ P.107
8	オーディオを挿入できる。	☑☑☑	➡ P.109
9	スライド上でオーディオを再生できる。	☑☑☑	➡ P.110
10	オーディオの移動とサイズ変更ができる。	☑☑☑	➡ P.111
11	スライドショーでオーディオを再生できる。	☑☑☑	➡ P.114
12	オーディオとビデオの再生順序を変更できる。	☑☑☑	➡ P.116
13	プレゼンテーションのビデオを作成できる。	☑☑☑	➡ P.117

Step 1 作成するプレゼンテーションを確認する

1 作成するプレゼンテーションの確認

次のようなプレゼンテーションを作成しましょう。

1枚目
2枚目

3枚目
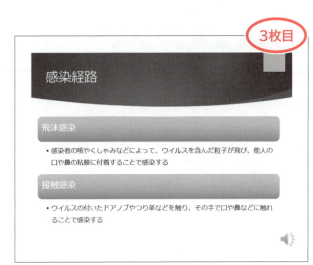

4枚目
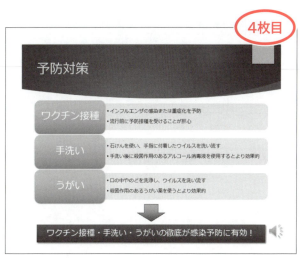

5枚目
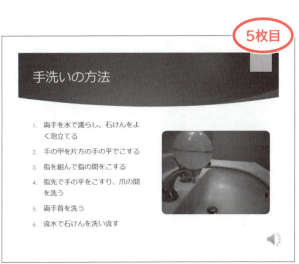

6枚目

第3章 マルチメディアの活用

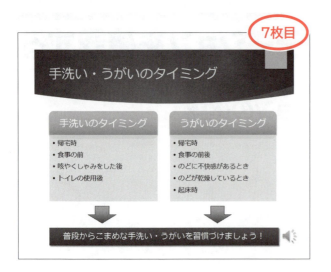

7枚目

8枚目

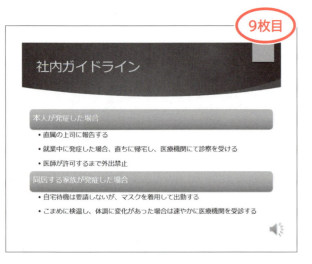

9枚目

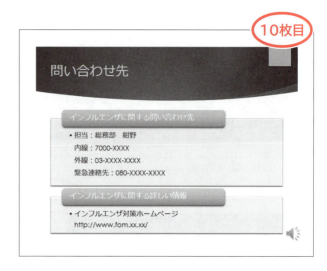

10枚目

Step2 ビデオを挿入する

1 ビデオ

デジタルビデオカメラで撮影した動画をスライドに挿入できます。PowerPointでは、動画のことを**「ビデオ」**といいます。MP4 ビデオファイル、Windows Media ビデオファイルやAdobe Flashメディアなど、様々な形式のビデオを挿入できます。

スライドに挿入したビデオは、プレゼンテーションに埋め込まれ、ひとつのファイルで管理されます。プレゼンテーションの保存場所を移動しても、ビデオが再生できなくなる心配はありません。

📖 ビデオファイルの種類

PowerPointで扱えるビデオファイルには、次のようなものがあります。

ファイルの種類	説明	拡張子
MP4 ビデオファイル	MacintoshやWindowsで広く利用されているファイル形式。	.mp4 .m4v .mov
Windows Media ビデオファイル	Windowsに搭載されているWindows Media Playerが標準でサポートしているファイル形式。	.wmv
Windows Media ファイル	動画や音声、文字などのデータをストリーミング配信するためのファイル形式。	.asf
Windows ビデオファイル	Windowsで広く利用されているファイル形式。	.avi
Adobe Flashメディア	Flash Playerで再生できるファイル形式。	.swf
ムービーファイル	CDやDVD、ディジタル衛星放送、携帯端末などで広く利用されているファイル形式。	.mpg .mpeg

2 ビデオの挿入

スライド5にフォルダー**「第3章」**のビデオファイル**「手洗い」**を挿入しましょう。

 フォルダー「第3章」のプレゼンテーション「マルチメディアの活用」を開いておきましょう。

①スライド5を選択します。
②コンテンツ用のプレースホルダーの （ビデオの挿入）をクリックします。

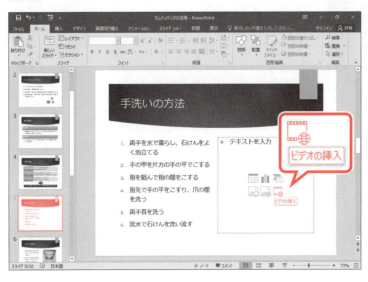

《ビデオの挿入》が表示されます。
ビデオが保存されている場所を選択します。
③《ファイルから》の《参照》をクリックします。

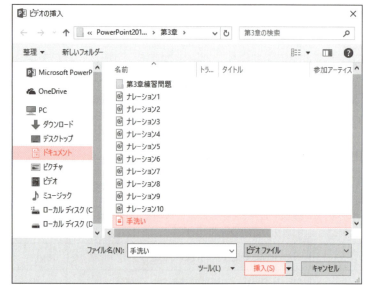

《ビデオの挿入》ダイアログボックスが表示されます。
④《ドキュメント》が表示されていることを確認します。
※《ドキュメント》が表示されていない場合は、《PC》→《ドキュメント》をクリックします。
⑤一覧から「PowerPoint2016応用」を選択します。
⑥《挿入》をクリックします。
⑦一覧から「第3章」を選択します。
⑧《挿入》をクリックします。
挿入するビデオを選択します。
⑨一覧から「手洗い」を選択します。
⑩《挿入》をクリックします。

ビデオが挿入されます。
※リボンに《ビデオツール》の《書式》タブと《再生》タブが表示されます。
ビデオの周囲に○（ハンドル）とビデオコントロールが表示されます。

ビデオコントロール

その他の方法（ビデオの挿入）

◆《挿入》タブ→《メディア》グループの （ビデオの挿入）

POINT ▶▶▶

ビデオの挿入

《ビデオの挿入》では、次のようなことができます。

※お使いの環境によって、❷と❸が表示されない場合があります。

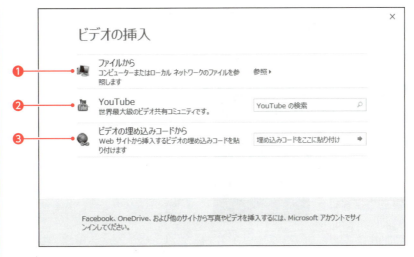

❶ファイルから
コンピューター上に保存されているビデオを挿入します。

❷YouTube
「YouTube」に公開されているビデオをキーワードで検索し、挿入します。ビデオそのものがプレゼンテーションに埋め込まれるのではなく、Webサイト上のビデオへのリンクが設定されるため、プレゼンテーションの容量を抑えることができます。
ただし、ビデオを再生するには、インターネットに接続できる環境が必要です。

❸ビデオの埋め込みコードから
Webサイト上のビデオに設定されている埋め込みコードを使って、ビデオを挿入します。Webサイトからコピーしたビデオの埋め込みコードを「埋め込みコードをここに貼り付け」に貼り付け、（挿入）をクリックし、挿入します。ビデオそのものがプレゼンテーションに埋め込まれるのではなく、Webサイト上のビデオへのリンクが設定されるため、プレゼンテーションの容量を抑えることができます。
ただし、ビデオを再生するには、インターネットに接続できる環境が必要です。

※埋め込みコードの確認方法は、Webサイトによって異なります。また、Webサイトによって、埋め込みコードが用意されていない場合もあります。

POINT ▶▶▶

動画の著作権

ほとんどの動画には著作権が存在するので、安易にスライドに転用するのは禁物です。インターネット上の動画を転用する際には、動画を提供しているWebサイトで利用可否を確認しましょう。

3 ビデオの再生

挿入したビデオはスライド上で再生して確認できます。
ビデオを再生しましょう。

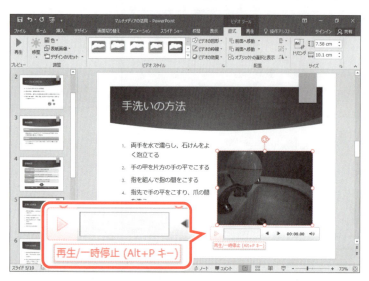

①ビデオが選択されていることを確認します。
② ▶ (再生/一時停止)をクリックします。

ビデオが再生されます。
ビデオの選択を解除します。
③ビデオ以外の場所をクリックします。

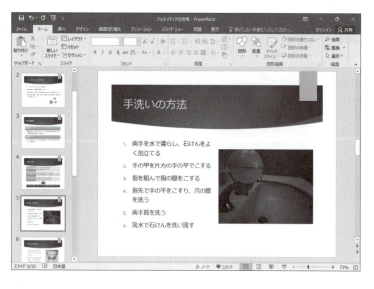

ビデオの選択が解除されます。

その他の方法（ビデオの再生）

◆ビデオを選択→《書式》タブ→《プレビュー》グループの ▶再生 （メディアのプレビュー）

◆ビデオを選択→《再生》タブ→《プレビュー》グループの ▶再生 （メディアのプレビュー）

POINT ▶▶▶

ビデオコントロール

ビデオコントロールは、ビデオを選択したときと、ビデオをポイントしたときに表示されます。
ビデオコントロールの各部の名称と役割は、次のとおりです。

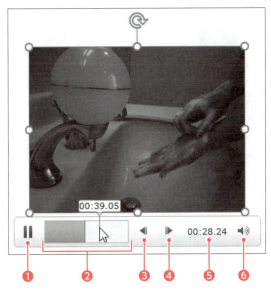

❶再生/一時停止

▶ をクリックすると、ビデオが再生します。再生中は ❙❙ に変わります。❙❙ をクリックすると、ビデオが一時停止します。

❷タイムライン

再生時間を帯状のグラフで表示します。タイムラインにマウスポインターを合わせると、その位置の再生時間がポップヒントに表示されます。タイムラインをクリックすると、再生を開始する位置を指定できます。

❸0.25秒間戻ります

0.25秒前を表示します。

❹0.25秒間先に進みます

0.25秒後ろを表示します。

❺再生時間

現在の再生時間が表示されます。

❻ミュート/ミュート解除

🔊 をクリックすると、音量がミュート（消音）になります。ミュートのときは 🔇 に変わります。🔇 をクリックすると、ミュートが解除されます。

🔊 をポイントして表示される音量スライダーの ● をドラッグすると、音量を調整できます。

4 ビデオの移動とサイズ変更

ビデオはスライド内で移動したり、サイズを変更したりできます。
ビデオを移動するには、ビデオを選択してドラッグします。
ビデオのサイズを変更するには、周囲の枠線上にある〇（ハンドル）をドラッグします。
ビデオの位置とサイズを調整しましょう。

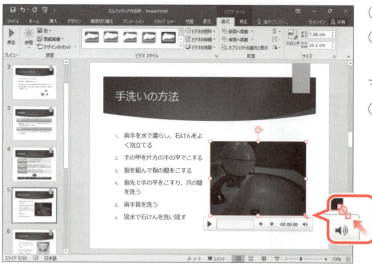

①ビデオを選択します。
②ビデオの右下の〇（ハンドル）をポイントします。
マウスポインターの形が に変わります。
③図のようにドラッグします。

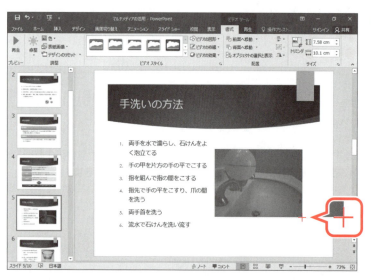

ドラッグ中、マウスポインターの形が✛に変わります。

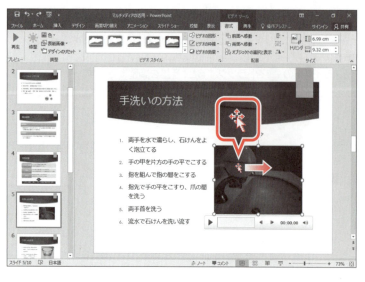

ビデオのサイズが変更されます。
④ビデオをポイントします。
マウスポインターの形が に変わります。
⑤図のようにドラッグします。

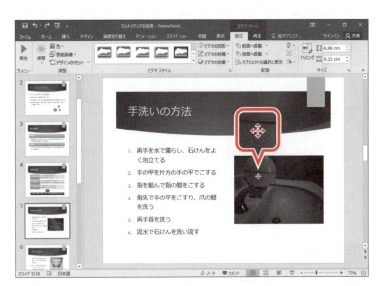

ドラッグ中、マウスポインターの形が✥に変わります。

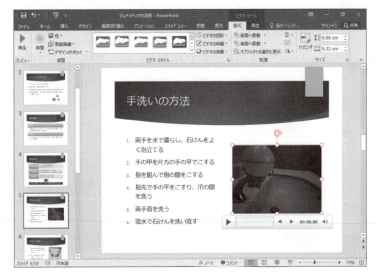

ビデオが移動します。

Step3 ビデオを編集する

1 明るさとコントラストの調整

挿入したビデオが明るすぎたり、暗すぎたりする場合は、明るさやコントラスト（明暗の差）を調整できます。
ビデオの明るさとコントラストをそれぞれ「+20%」にしましょう。

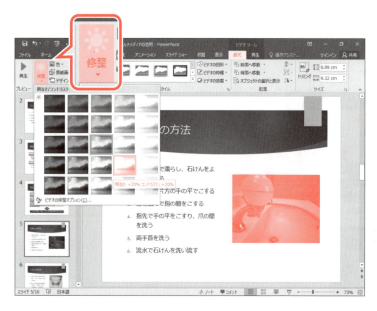

①ビデオを選択します。
②《書式》タブを選択します。
③《調整》グループの （修整）をクリックします。
④《明るさ/コントラスト》の《明るさ：+20% コントラスト：+20%》をクリックします。

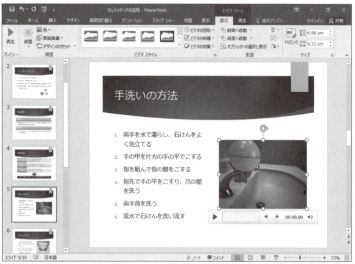

ビデオの明るさとコントラストが調整されます。
※ビデオを再生し、ビデオ全体の明るさとコントラストが調整されていることを確認しておきましょう。

POINT ▶▶▶

ビデオの色の変更

ビデオ全体の色をグレースケールやセピア、テーマの色などに変更できます。
ビデオの色を変更する方法は、次のとおりです。

◆ビデオを選択→《書式》タブ→《調整》グループの （色）

2 ビデオスタイルの適用

「ビデオスタイル」とは、ビデオを装飾する書式を組み合わせたものです。枠線や効果などがあらかじめ設定されており、影や光彩を付けてビデオを立体的にしたり、ビデオにフレームを付けて装飾したりできます。

ビデオにスタイル**「角丸四角形、光彩」**を適用しましょう。

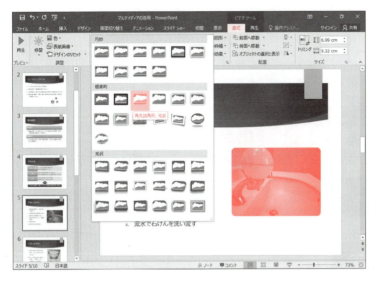

①ビデオが選択されていることを確認します。
②**《書式》**タブを選択します。
③**《ビデオスタイル》**グループの ▼（その他）をクリックします。
④**《標準的》**の**《角丸四角形、光彩》**をクリックします。

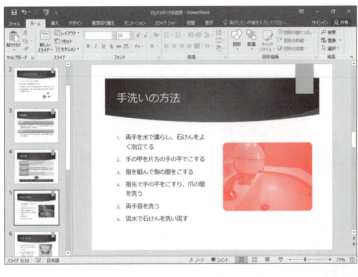

ビデオにスタイルが適用されます。

※ビデオ以外の場所をクリックし、選択を解除しておきましょう。

POINT ▶▶▶

デザインのリセット

ビデオの明るさやコントラストや色、ビデオスタイルなどの書式設定を一度に取り消すことができます。
ビデオのデザインをリセットをする方法は、次のとおりです。

◆ビデオを選択→**《書式》**タブ→**《調整》**グループの デザインのリセット （デザインのリセット）

3 ビデオのトリミング

「ビデオのトリミング」を使うと、挿入したビデオの先頭または末尾の不要な映像を取り除き、必要な部分だけにトリミングできます。
動画編集ソフトを使わなくてもPowerPointでトリミングできるので便利です。
ビデオの先頭と末尾の不要な映像を取り除き、開始時間と終了時間が次の時間になるようにトリミングしましょう。

> 開始時間：3.363秒
> 終了時間：52.322秒

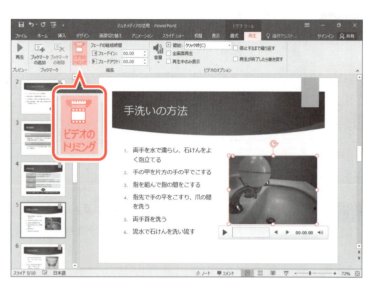

①ビデオを選択します。
②《再生》タブを選択します。
③《編集》グループの (ビデオのトリミング) をクリックします。

《ビデオのトリミング》ダイアログボックスが表示されます。
映像の先頭をトリミングします。
④ をポイントします。
マウスポインターの形が ⇔ に変わります。
⑤図のようにドラッグします。
（目安：「00:03.363」）
※開始時間に「00:03.363」と入力してもかまいません。
※ をドラッグすると、上側に表示されているビデオもコマ送りされます。

映像の末尾をトリミングします。

⑥ をポイントします。

マウスポインターの形が ⇿ に変わります。

⑦図のようにドラッグします。

（目安：「00：52.322」）

※終了時間に「00：52.322」と入力してもかまいません。

⑧《OK》をクリックします。

ビデオがトリミングされます。

※ビデオを再生して、先頭と末尾の映像が取り除かれていることを確認しておきましょう。

POINT ▶▶▶

《ビデオのトリミング》ダイアログボックス

《ビデオのトリミング》ダイアログボックスの各部の名称と役割は、次のとおりです。

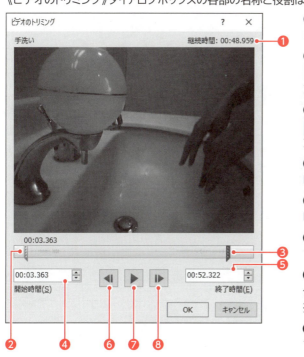

❶継続時間
ビデオ全体の再生時間が表示されます。

❷開始点
 を目的の開始位置までドラッグすると、ビデオの先頭をトリミングできます。

❸終了点
 を目的の終了位置までドラッグすると、ビデオの末尾をトリミングできます。

❹開始時間
ビデオの開始時間が表示されます。

❺終了時間
ビデオの終了時間が表示されます。

❻前のフレーム
1コマ前が表示されます。

❼再生
クリックすると、ビデオが再生されます。
※再生中は ⏸ （一時停止）に変わります。

❽次のフレーム
1コマ後ろが表示されます。

106

STEP UP　表紙画像

通常、ビデオを挿入するとビデオの最初の画像がビデオの表紙としてスライドに表示されます。ビデオ内により効果的な画像がある場合は、その1ショットをビデオの表紙画像として設定できます。ビデオの内容を表す適切な1ショットを表紙画像に設定しておくと、スライドをひと目見ただけでビデオの内容がわかるので配布資料としても効果的なものになります。
表紙画像を設定する方法は、次のとおりです。
◆ビデオを再生→《書式》タブ→《調整》グループの （表紙画像）→《現在の画像》

4　スライドショーでのビデオの再生

挿入したビデオはスライドショーで再生されます。
スライドショーでのビデオの再生には、次の2つのタイミングが選択できます。

> ●**自動**
> スライドが表示されたタイミングで**再生**されます。
> ●**クリック時**
> スライド上のビデオをクリックしたタイミングで**再生**されます。

スライドが表示されるとビデオが自動で再生されるように設定し、スライドショーでビデオを再生しましょう。

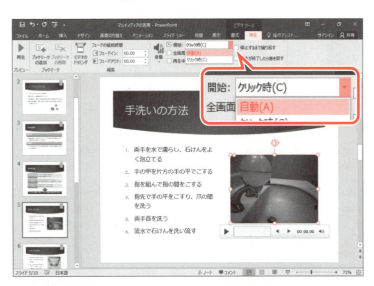

①ビデオが選択されていることを確認します。
②《再生》タブを選択します。
③《ビデオのオプション》グループの《開始》の をクリックし、一覧から《自動》を選択します。

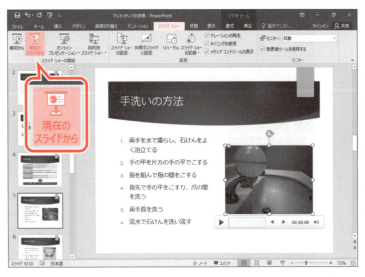

④《スライドショー》タブを選択します。
⑤《スライドショーの開始》グループの （このスライドから開始）をクリックします。

第3章　マルチメディアの活用

107

スライドショーが実行され、ビデオが自動的に再生されます。

※ビデオにマウスポインターを合わせると、ビデオコントロールが表示されます。
※ Esc または ▮▮ を押して、ビデオを一時停止しましょう。
※ Esc を押して、スライドショーを終了しておきましょう。

POINT ▶▶▶

《ビデオのオプション》グループ

《再生》タブの《ビデオのオプション》グループでは、次のような設定ができます。

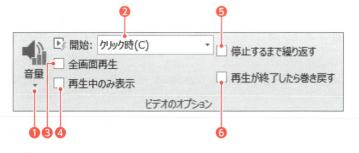

❶音量
ビデオの音量を調整します。

❷開始
ビデオを再生するタイミングを設定します。

❸全画面再生
全画面でビデオを再生します。

❹再生中のみ表示
再生中のビデオは画面に表示し、再生されていないビデオは非表示になります。
※ビデオを再生するタイミングを《クリック時》に設定した場合は、ビデオにアニメーションを設定します。
　ビデオを選択し、《アニメーション》タブ→《アニメーション》グループの ▼ (その他)→《メディア》の《再生》を選択します。

❺停止するまで繰り返す
ビデオを繰り返し再生します。

❻再生が終了したら巻き戻す
ビデオを最後まで再生し終わると、ビデオの最初に戻ります。

Step 4 オーディオを挿入する

1 オーディオ

録音した音声や音楽などをスライドに挿入できます。PowerPointでは、音声や音楽のことを「**オーディオ**」といいます。MPEG-4オーディオファイルやMIDIファイルなど、様々な形式のオーディオを挿入できます。

録音した音声や音楽などを挿入することによって、プレゼンテーションの効果をより高めることができます。

スライドに挿入したオーディオは、プレゼンテーションに埋め込まれ、ひとつのファイルで管理されます。プレゼンテーションの保存場所を移動しても、オーディオが再生できなくなる心配はありません。

STEP UP オーディオファイルの種類

PowerPointで扱えるオーディオファイルには、次のようなものがあります。

ファイルの種類	説明	拡張子
MPEG-4 オーディオファイル	Windows 10に搭載されているボイスレコーダーのファイル形式。	.m4a .mp4
Windows Mediaオーディオファイル	Windows VistaからWindows 8.1に搭載されているサウンドレコーダーのファイル形式。	.wma
MP3オーディオファイル	携帯音楽プレーヤーやインターネットの音楽配信に広く利用されているファイル形式。	.mp3
MIDIファイル	音楽制作・演奏の分野で広く利用されているファイル形式。	.mid .midi
AIFFオーディオファイル	Mac OSやiOSなどで利用されているファイル形式。	.aiff
AUオーディオファイル	UNIXやLinuxなどで利用されているファイル形式。	.au

2 オーディオの挿入

スライド1にフォルダー「**第3章**」のオーディオファイル「**ナレーション1**」を挿入しましょう。
※オーディオを挿入するには、パソコンにスピーカーが必要です。

①スライド1を選択します。
②《**挿入**》タブを選択します。
③《**メディア**》グループの （オーディオの挿入）をクリックします。
④《**このコンピューター上のオーディオ**》をクリックします。

《オーディオの挿入》ダイアログボックスが表示されます。
オーディオが保存されている場所を選択します。
⑤《ドキュメント》が表示されていることを確認します。
※《ドキュメント》が表示されていない場合は、《PC》→《ドキュメント》をクリックします。
⑥一覧から「PowerPoint2016応用」を選択します。
⑦《挿入》をクリックします。
⑧一覧から「第3章」を選択します。
⑨《挿入》をクリックします。
挿入するオーディオを選択します。
⑩一覧から「ナレーション1」を選択します。
⑪《挿入》をクリックします。
オーディオが挿入されます。
※リボンに《オーディオツール》の《書式》タブと《再生》タブが表示されます。
オーディオの周囲に○（ハンドル）とオーディオコントロールが表示されます。

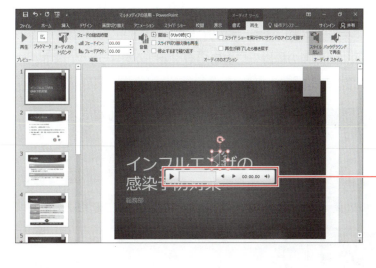

オーディオコントロール

3 オーディオの再生

挿入したオーディオはスライド上で再生して確認できます。
オーディオを再生しましょう。
※オーディオを再生するには、パソコンにサウンドカードとスピーカーが必要です。

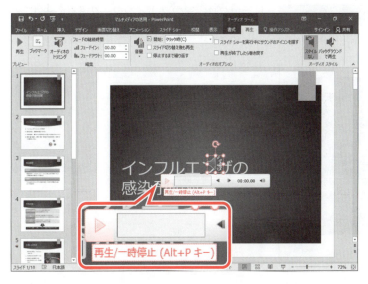

①オーディオが選択されていることを確認します。
② ▶ （再生/一時停止）をクリックします。

再生/一時停止 (Alt+P キー)

オーディオが再生されます。

> **その他の方法（オーディオの再生）**
> ◆オーディオを選択→《再生》タブ→《プレビュー》グループの ▶ （メディアのプレビュー）

4 オーディオの移動とサイズ変更

オーディオはスライド内で移動したり、サイズを変更したりできます。
オーディオを移動するには、オーディオを選択してドラッグします。
オーディオのサイズを変更するには、周囲の枠線上にある○（ハンドル）をドラッグします。
オーディオの位置とサイズを調整しましょう。

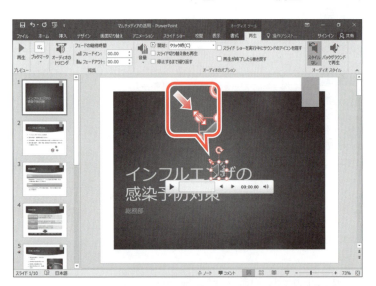

①オーディオが選択されていることを確認します。
②オーディオの左上の○（ハンドル）をポイントします。
マウスポインターの形が に変わります。
③図のようにドラッグします。

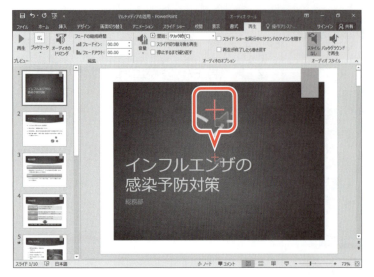

ドラッグ中、マウスポインターの形が ✛ に変わります。

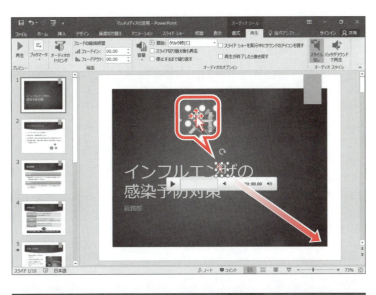

オーディオのサイズが変更されます。
④オーディオをポイントします。
マウスポインターの形が に変わります。
⑤図のようにドラッグします。

ドラッグ中、マウスポインターの形が に変わります。

オーディオが移動します。

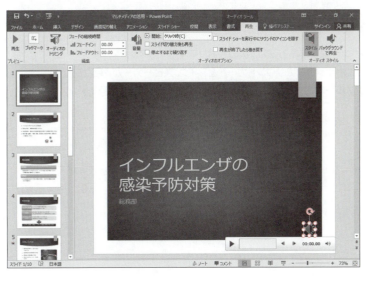

STEP UP オーディオのトリミング

ビデオと同じように、オーディオの先頭または末尾の不要な部分をトリミングできます。
オーディオをトリミングする方法は、次のとおりです。
◆オーディオを選択→《再生》タブ→《編集》グループの (オーディオのトリミング)

ためしてみよう

スライド2からスライド10にオーディオ「ナレーション2」から「ナレーション10」をそれぞれ挿入し、サイズと位置を調整しましょう。

Let's Try Answer

① スライド2を選択
②《挿入》タブを選択
③《メディア》グループの （オーディオの挿入）をクリック
④《このコンピューター上のオーディオ》をクリック
⑤ オーディオが保存されている場所を選択
※《ドキュメント》→「PowerPoint2016応用」→「第3章」を選択します。
⑥ 一覧から「ナレーション2」を選択
⑦《挿入》をクリック
⑧ オーディオの○（ハンドル）をドラッグしてサイズ変更
⑨ オーディオをドラッグして移動
⑩ 同様に、スライド3からスライド10に「ナレーション3」から「ナレーション10」をそれぞれ挿入し、位置とサイズを調整

> **POINT ▶▶▶**
>
> ### MPEG-4オーディオファイル
> 実習で使っている「ナレーション1」から「ナレーション10」は、MPEG-4オーディオファイルです。
> Windows 10に標準で搭載されているアプリ「ボイスレコーダー」を使うと、MPEG-4オーディオファイルとしてオーディオをデータ化できます。

STEP UP ナレーションの録音

ナレーションはPowerPoint上で録音することもできます。
PowerPoint上で録音すると、オーディオファイルは独立したファイルにはならず、プレゼンテーション内に埋め込まれます。
PowerPoint上でナレーションを録音する方法は、次のとおりです。
※オーディオの録音と再生には、パソコンにサウンドカードとマイク、スピーカーが必要です。
◆《挿入》タブ→《メディア》グループの （オーディオの挿入）→《オーディオの録音》

5 スライドショーでのオーディオの再生

挿入したオーディオはスライドショーで再生されます。
スライドショーでのオーディオの再生には、次の2つのタイミングが選択できます。

●自動
スライドが表示されたタイミングで再生されます。
●クリック時
スライド上のオーディオをクリックしたタイミングで再生されます。

スライドが表示されるとオーディオが自動で再生されるように設定し、スライドショーでオーディオを再生しましょう。

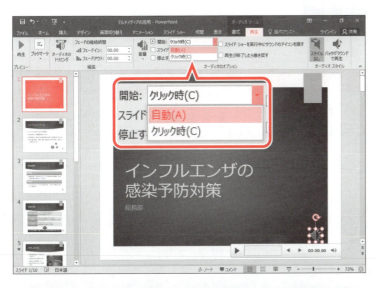

①スライド1を選択します。
②オーディオを選択します。
③《再生》タブを選択します。
④《オーディオのオプション》グループの《開始》の ▼ をクリックし、一覧から《自動》を選択します。

⑤《スライドショー》タブを選択します。
⑥《スライドショーの開始》グループの (このスライドから開始)をクリックします。

スライドショーが実行され、オーディオが自動的に再生されます。

※オーディオにマウスポインターを合わせると、オーディオコントロールが表示されます。
※ Esc を押して、スライドショーを終了しておきましょう。

> **POINT**
>
> ### 《オーディオのオプション》グループ
> 《再生》タブの《オーディオのオプション》グループでは、次のような設定ができます。
>
>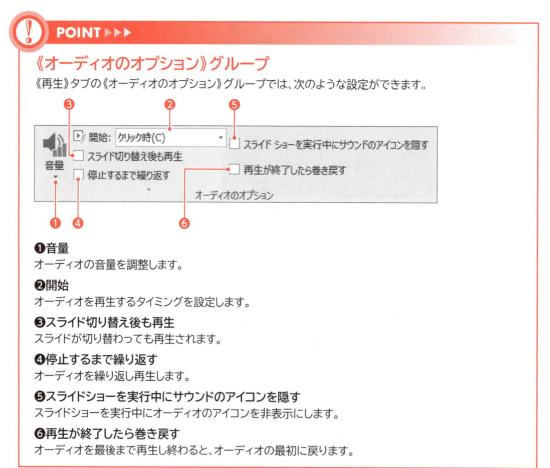
>
> ❶**音量**
> オーディオの音量を調整します。
>
> ❷**開始**
> オーディオを再生するタイミングを設定します。
>
> ❸**スライド切り替え後も再生**
> スライドが切り替わっても再生されます。
>
> ❹**停止するまで繰り返す**
> オーディオを繰り返し再生します。
>
> ❺**スライドショーを実行中にサウンドのアイコンを隠す**
> スライドショーを実行中にオーディオのアイコンを非表示にします。
>
> ❻**再生が終了したら巻き戻す**
> オーディオを最後まで再生し終わると、オーディオの最初に戻ります。

 ためしてみよう

スライド2からスライド10に挿入したオーディオが自動で再生されるように設定しましょう。

Let's Try Answer

① スライド2を選択
② オーディオを選択
③ 《再生》タブを選択
④ 《オーディオのオプション》グループの《開始》の ▼ をクリックし、一覧から《自動》を選択
⑤ 同様に、スライド3からスライド10のオーディオを《自動》に設定

6 再生順序の変更

同じスライドにビデオとオーディオを挿入すると、挿入した順番にスライドショーで再生されます。
スライド5のオーディオがビデオよりも先に再生されるように、再生順序を変更しましょう。

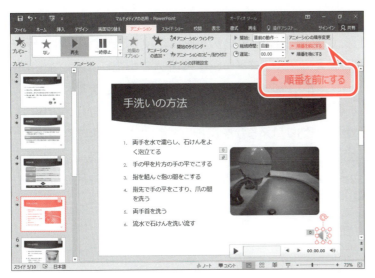

①スライド5を選択します。
②オーディオを選択します。
③《アニメーション》タブを選択します。
④《タイミング》グループの ▲順番を前にする （順番を前にする）をクリックします。

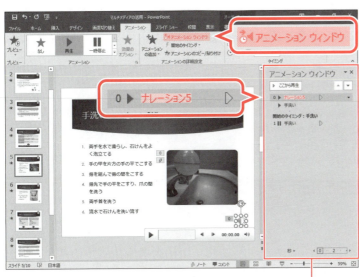

再生順序が変更されたことを確認します。
⑤《アニメーションの詳細設定》グループの アニメーション ウィンドウ （アニメーションウィンドウ）をクリックします。
《アニメーションウィンドウ》作業ウィンドウが表示されます。
⑥「ナレーション5」が一番上に表示されていることを確認します。
※《アニメーションウィンドウ》作業ウィンドウのリストの上に表示されているものから再生されます。
※《アニメーションウィンドウ》作業ウィンドウを閉じておきましょう。

《アニメーションウィンドウ》作業ウィンドウ

 POINT ▶▶▶

再生順序を後にする
ビデオやオーディオの再生順序を後にする方法は、次のとおりです。
◆ビデオまたはオーディオを選択→《アニメーション》タブ→《タイミング》グループの ▼順番を後にする （順番を後にする）

Step5 プレゼンテーションのビデオを作成する

1 プレゼンテーションのビデオの作成

「ビデオの作成」を使うと、プレゼンテーションをMPEG-4ビデオ形式（拡張子「.mp4」）またはWindows Mediaビデオ形式（拡張子「.wmv」）の動画に変換できます。プレゼンテーションに設定されている画面切り替え効果やアニメーション、挿入されたビデオやオーディオ、記録されたナレーションやレーザーポインターの動きもそのまま再現できます。

プレゼンテーションをビデオにする場合は、画面切り替えのタイミングをあらかじめ設定しておくか、すべてのスライドを同じ秒数で切り替えるかを選択します。また、用途に合わせてビデオのファイルサイズや画質も選択できます。

パソコンにPowerPointがセットアップされていなくても再生できるため、プレゼンテーションを配布するのに便利です。

2 画面切り替えの設定

各スライドに画面切り替えのタイミングを次のように設定しましょう。

```
スライド1  ：15秒
スライド2  ：16秒
スライド3  ：16秒
スライド4  ：9秒
スライド5  ：1分2秒
スライド6  ：7秒
スライド7  ：13秒
スライド8  ：16秒
スライド9  ：18秒
スライド10：10秒
```

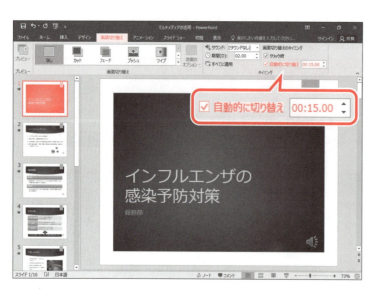

①スライド1を選択します。
②《画面切り替え》タブを選択します。
③《タイミング》グループの《自動的に切り替え》を✓にし、「00:15.00」に設定します。

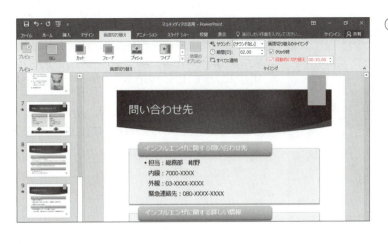

④同様に、スライド2からスライド10に画面切り替えのタイミングを設定します。

3 ビデオの作成

次のような設定で、プレゼンテーションのビデオを作成しましょう。

インターネット上での配信に適した画質
記録されたタイミングとナレーションを使用する
ビデオのファイル形式：Windows Mediaビデオ形式（拡張子「.wmv」）

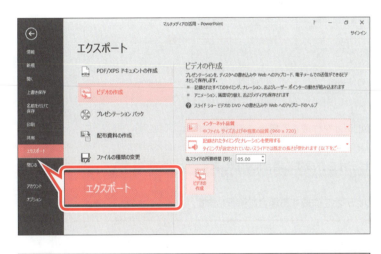

①《ファイル》タブを選択します。
②《エクスポート》をクリックします。
③《ビデオの作成》をクリックします。
④《プレゼンテーション品質》の・をクリックします。
⑤《インターネット品質》をクリックします。
⑥《記録されたタイミングとナレーションを使用する》になっていることを確認します。
⑦《ビデオの作成》をクリックします。

《名前を付けて保存》ダイアログボックスが表示されます。
ビデオを保存する場所を選択します。

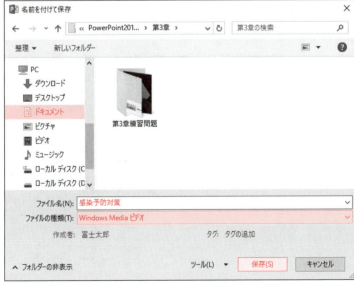

⑧左側の一覧から《ドキュメント》を選択します。
※《ドキュメント》が表示されていない場合は、《PC》をダブルクリックします。
⑨右側の一覧から「PowerPoint2016応用」を選択します。
⑩《開く》をクリックします。
⑪一覧から「第3章」を選択します。
⑫《開く》をクリックします。
⑬《ファイル名》に「感染予防対策」と入力します。
⑭《ファイルの種類》の∨をクリックし、一覧から《Windows Mediaビデオ》を選択します。
⑮《保存》をクリックします。

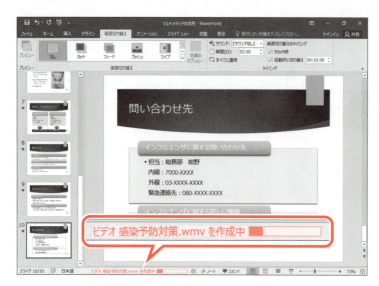

ビデオの作成が開始されます。

※ステータスバーに「ビデオ 感染予防対策.wmvを作成中」と表示されます。プレゼンテーションのファイルサイズによって、ビデオの作成にかかる時間は異なります。
※プレゼンテーションに「マルチメディアの活用完成」と名前を付けて、フォルダー「第3章」に保存し、閉じておきましょう。

POINT ▶▶▶

ファイルサイズと画質

プレゼンテーションのビデオを作成する場合、用途に応じてファイルサイズや画質を選択できます。

❶**プレゼンテーション品質**
ファイルサイズが大きく、高画質のビデオを作成する場合に選択します。

❷**インターネット品質**
ファイルサイズと画質が中程度のビデオを作成する場合に選択します。

❸**低品質**
ファイルサイズが小さく、低画質のビデオを作成する場合に選択します。

POINT ▶▶▶

画面切り替えのタイミング

プレゼンテーションをビデオとして作成すると、画面の切り替えは自動で行われます。ビデオを作成する場合は、スライドの内容やナレーションの長さなどを考慮して画面を切り替えるタイミングをあらかじめ設定しておくとよいでしょう。
画面を切り替えるタイミングを設定していないプレゼンテーションの場合は、各スライドの所要時間を設定します。
※初期の設定では、各スライドの所要時間は5秒です。
※オーディオやビデオなどが挿入されているスライドについては、オーディオやビデオの再生時間が優先されます。各スライドの所要時間が再生時間より短く設定されている場合は、再生が終わり次第、次のスライドが表示されます。

4 ビデオの再生

作成したプレゼンテーションのビデオを再生しましょう。

ビデオが保存されている場所を開きます。
①デスクトップが表示されていることを確認します。
②タスクバーの ▭ (エクスプローラー)をクリックします。

エクスプローラーが表示されます。
③左側の一覧から《ドキュメント》をクリックします。
※《ドキュメント》が表示されていない場合は、《PC》をダブルクリックします。
④右側の一覧からフォルダー「**PowerPoint2016応用**」をダブルクリックします。
⑤フォルダー「**第3章**」をダブルクリックします。
⑥ファイル「**感染予防対策**」をダブルクリックします。

ビデオを再生するためのアプリが起動し、設定した画面切り替えのタイミングでビデオが再生されます。
ビデオを終了します。
⑦ ▭ (閉じる)をクリックします。
※開いているウィンドウを閉じておきましょう。

Exercise 練習問題

解答 ▶ 別冊P.6

File OPEN フォルダー「第3章練習問題」のプレゼンテーション「第3章練習問題」を開いておきましょう。

次のようにスライドを編集しましょう。

●完成図

1枚目

2枚目

3枚目
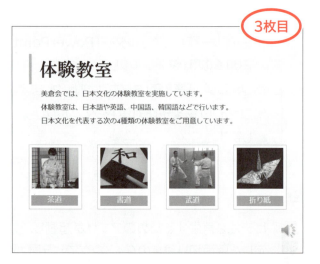

4枚目
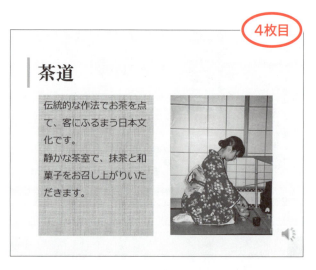

5枚目

6枚目

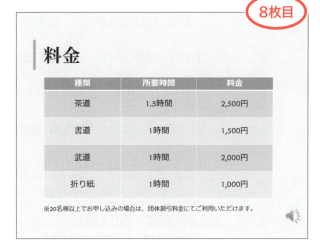
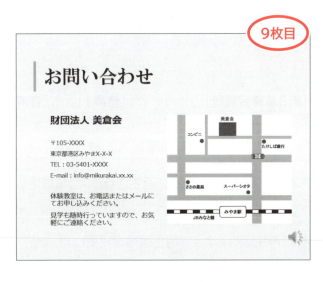

①スライド7にフォルダー「第3章練習問題」のビデオ「折り紙（かぶと）」を挿入しましょう。
次に、完成図を参考に、ビデオのサイズと位置を調整しましょう。

②ビデオをスライド上で再生しましょう。

③ビデオの明るさとコントラストを「+20％」に設定しましょう。

④ビデオにスタイル「四角形、背景の影付き」を適用しましょう。

⑤ビデオの先頭と末尾の不要な映像を取り除き、開始時間と終了時間が次の時間になるようにトリミングしましょう。

> 開始時間：2.513秒
> 終了時間：1分37.508秒

⑥ビデオがスライドショーで自動的に再生されるように設定しましょう。
次に、スライドショーでビデオを再生しましょう。

⑦スライド1からスライド9にフォルダー「第3章練習問題」のオーディオ「音声1」から「音声9」をそれぞれ挿入しましょう。
次に、完成図を参考に、オーディオのサイズと位置を調整しましょう。

⑧スライド1からスライド9のオーディオがスライドショーで自動的に再生されるように設定しましょう。

⑨スライド7のオーディオがビデオよりも先に再生されるように再生順序を変更しましょう。

⑩スライド1からスライドショーを実行し、すべてのスライドを確認しましょう。

⑪次のような設定で、プレゼンテーションのビデオを作成し、「体験教室のご紹介」と名前を付けてフォルダー「第3章練習問題」に保存しましょう。

> プレゼンテーション品質
> 記録されたタイミングとナレーションを使用しない
> 各スライドの所要時間：5秒
> ビデオのファイル形式：Windows Mediaビデオ形式（拡張子「.wmv」）

⑫ビデオ「体験教室のご紹介」を再生しましょう。

※プレゼンテーションに「第3章練習問題完成」と名前を付けて、フォルダー「第3章練習問題」に保存し、閉じておきましょう。

Chapter 4

第4章

スライドのカスタマイズ

Check	この章で学ぶこと	125
Step1	作成するプレゼンテーションを確認する	126
Step2	スライドマスターを表示する	128
Step3	共通のスライドマスターを編集する	131
Step4	タイトルスライドのスライドマスターを編集する	141
Step5	ヘッダーとフッターを挿入する	148
Step6	オブジェクトに動作を設定する	152
Step7	動作設定ボタンを作成する	155
練習問題		159

Chapter 4

この章で学ぶこと

学習前に習得すべきポイントを理解しておき、
学習後には確実に習得できたかどうかを振り返りましょう。

1	スライドマスターが何かを説明できる。	☑☑☑ →P.128
2	スライドマスターの種類を理解し、編集する内容に応じてスライドマスターを選択できる。	☑☑☑ →P.129
3	スライドマスターを表示できる。	☑☑☑ →P.130
4	共通のスライドマスターを編集できる。	☑☑☑ →P.131
5	タイトルスライドのスライドマスターを編集できる。	☑☑☑ →P.141
6	スライドマスターで編集したデザインをテーマとして保存できる。	☑☑☑ →P.145
7	ヘッダーとフッターを挿入できる。	☑☑☑ →P.148
8	ヘッダーとフッターを編集できる。	☑☑☑ →P.149
9	オブジェクトに動作を設定できる。	☑☑☑ →P.152
10	オブジェクトの動作を確認できる。	☑☑☑ →P.154
11	スライドに動作設定ボタンを作成できる。	☑☑☑ →P.155
12	動作設定ボタンを使ってスライドを移動できる。	☑☑☑ →P.157

Step 1 作成するプレゼンテーションを確認する

1 作成するプレゼンテーションの確認

次のようなプレゼンテーションを作成しましょう。

1枚目

2枚目

3枚目

4枚目

5枚目

6枚目

第4章 スライドのカスタマイズ

7枚目

8枚目

9枚目

10枚目

11枚目
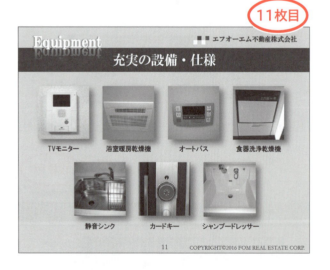

12枚目
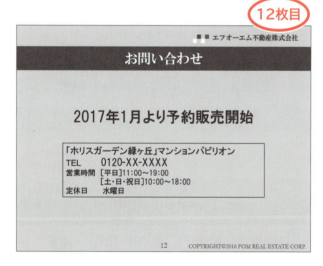

Step2 スライドマスターを表示する

1 スライドマスター

「**スライドマスター**」とは、すべてのスライドのデザインをまとめて管理しているもので、デザインの原本に相当するものです。
スライドマスターを編集すると、すべてのスライドのデザインを一括して変更できます。
すべてのスライドで共通してタイトルのフォントやフォントサイズを変更したり、会社名や会社のロゴなどを挿入したりしたい場合は、スライドマスターを編集します。
スライドマスターは、次のような情報を管理しています。

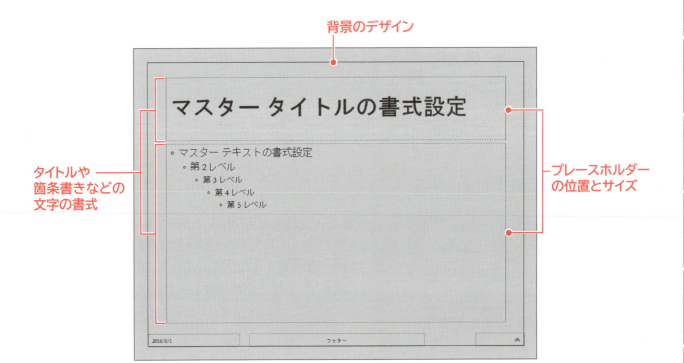

2 スライドマスターの種類

スライドマスターには、すべてのスライドを共通で管理するマスターと、スライドのレイアウトごとに個々に管理するマスターがあります。スライドマスターを編集するとき、一番上に共通のスライドマスターが表示され、その下の階層に各スライドレイアウトのスライドマスターが一覧で表示されます。

●共通のスライドマスター
すべてのスライドのデザインを管理します。共通のスライドマスターを変更すると、基本的にプレゼンテーション内のすべてのスライドに変更が反映されます。

●各スライドレイアウトのスライドマスター
レイアウトごとにデザインを管理します。各レイアウトのマスターを変更すると、そのレイアウトが適用されているスライドだけに変更が反映されます。

3 スライドマスターの表示

スライドマスターを編集する場合は、スライドマスターを表示します。
スライドマスターを表示しましょう。

File OPEN フォルダー「第4章」のプレゼンテーション「スライドのカスタマイズ」を開いておきましょう。

①《**表示**》タブを選択します。
②《**マスター表示**》グループの (スライドマスター表示)をクリックします。

スライドマスターが表示されます。
※リボンに《スライドマスター》タブが表示されます。

Step3 共通のスライドマスターを編集する

1 共通のスライドマスターの編集

共通のスライドマスターを編集すると、プレゼンテーション内のすべてのスライドのデザインをまとめて変更できます。スライドごとにひとつずつ書式を変更する手間を省くことができるので便利です。
共通のスライドマスターを、次のように編集しましょう。

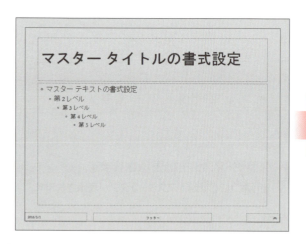

黒い枠線の削除

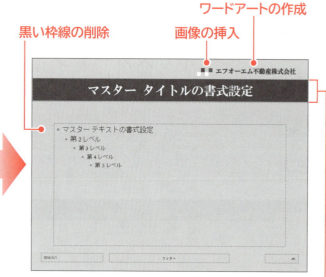

画像の挿入
ワードアートの作成

タイトルのフォント・フォントサイズ・配置の変更
タイトルのプレースホルダーの塗りつぶしの色の変更
タイトルのプレースホルダーのサイズ変更

2 図形の削除

スライドの背景に挿入されている黒い枠線の図形を削除しましょう。

①スライドマスターが表示されていることを確認します。
②サムネイル（縮小版）の一覧から《**シャボン スライドマスター：スライド1-12で使用される**》を選択します。
※一覧に表示されていない場合は、スクロールして調整します。

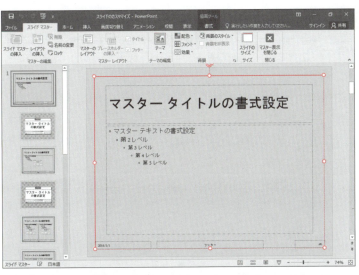

③黒い枠線を選択します。
④ Delete を押します。

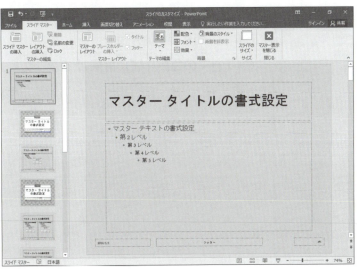

黒い枠線が削除されます。

3 タイトルの書式設定

タイトルのプレースホルダーに次のような書式を設定しましょう。

フォント	：HG明朝E
フォントサイズ	：32ポイント
フォントの色	：白、背景1
中央揃え	
塗りつぶしの色：茶、テキスト2、黒+基本色25%	

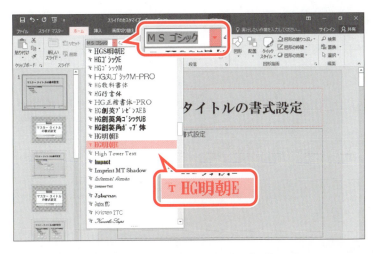

①タイトルのプレースホルダーを選択します。
②《ホーム》タブを選択します。
③《フォント》グループの MS ゴシック本 (フォント)の をクリックし、一覧から《HG明朝E》を選択します。
※一覧に表示されていない場合は、スクロールして調整します。

132

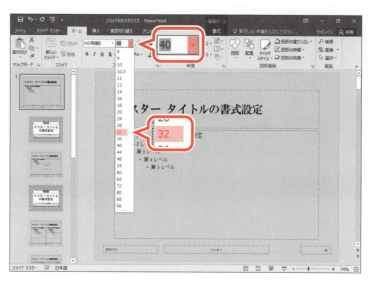

④《**フォント**》グループの 40 （フォントサイズ）の をクリックし、一覧から《**32**》を選択します。

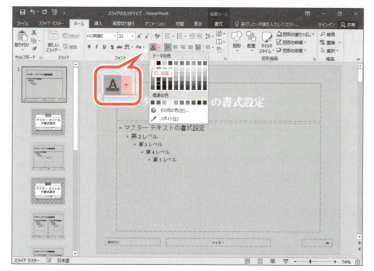

⑤《**フォント**》グループの （フォントの色）の をクリックします。
⑥《**テーマの色**》の《**白、背景1**》をクリックします。

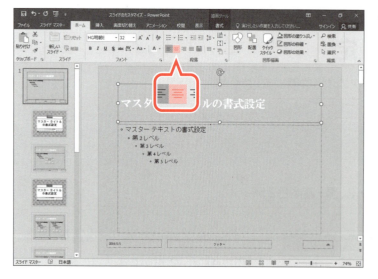

⑦《**段落**》グループの （中央揃え）をクリックします。

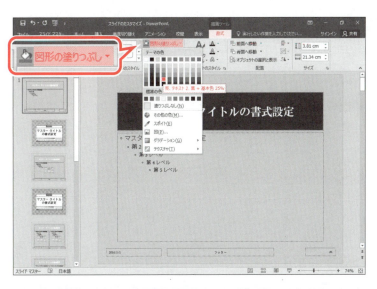

⑧《書式》タブを選択します。
⑨《図形のスタイル》グループの 図形の塗りつぶし ▼ （図形の塗りつぶし）をクリックします。
⑩《テーマの色》の《茶、テキスト2、黒+基本色25%》をクリックします。

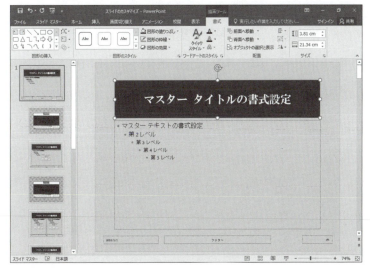

タイトルのプレースホルダーに書式が設定されます。

4 プレースホルダーのサイズ変更

タイトルのプレースホルダーのサイズを調整しましょう。

①タイトルのプレースホルダーが選択されていることを確認します。
②図のように、下側の○（ハンドル）をドラッグしてサイズを変更します。

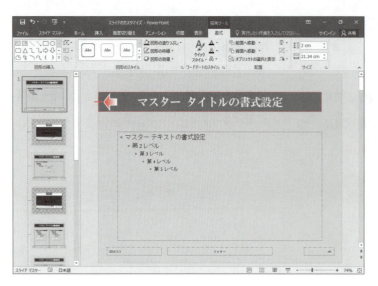

③図のように、左側の○(ハンドル)をドラッグしてサイズを変更します。

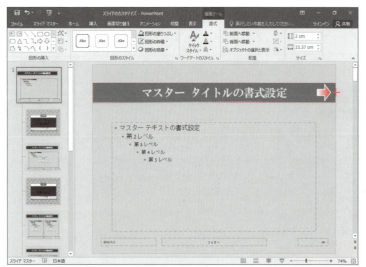

④同様に、右側の○(ハンドル)をドラッグしてサイズを変更します。

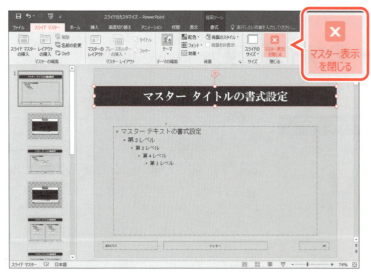

プレースホルダーのサイズが変更されます。
スライドマスターを閉じます。
⑤《**スライドマスター**》タブを選択します。
⑥《**閉じる**》グループの (マスター表示を閉じる)をクリックします。

標準表示に戻ります。
⑦スライド2を選択します。
⑧スライドのタイトルのデザインが変更されていることを確認します。

※確認後、スライド1を選択しておきましょう。
※スライド1のタイトルのプレースホルダーのデザインは、P.141「Step4　タイトルスライドのスライドマスターを編集する」で変更します。

5 ワードアートの作成

ワードアートを使って、「**エフオーエム不動産株式会社**」という会社名を挿入しましょう。
ワードアートのスタイルは「**塗りつぶし-オリーブ、アクセント3、面取り（シャープ）**」にし、次のような書式を設定しましょう。

フォント	：HG明朝E
フォントサイズ	：16ポイント
フォントの色	：茶、テキスト2、黒+基本色50%

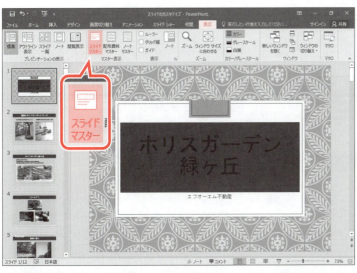

①《**表示**》タブを選択します。
②《**マスター表示**》グループの (スライドマスター表示)をクリックします。

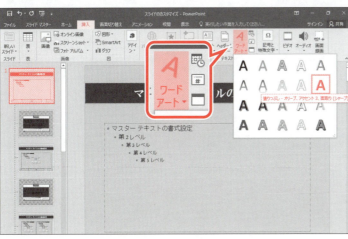

スライドマスターが表示されます。
③サムネイルの一覧から《**シャボンスライドマスター：スライド1-12で使用される**》を選択します。

※一覧に表示されていない場合は、スクロールして調整します。

④《**挿入**》タブを選択します。
⑤《**テキスト**》グループの (ワードアートの挿入)をクリックします。
⑥《**塗りつぶし-オリーブ、アクセント3、面取り（シャープ）**》をクリックします。

136

第4章 スライドのカスタマイズ

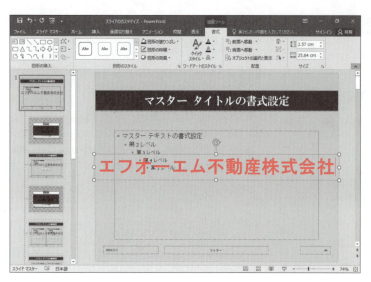

⑦《ここに文字を入力》が選択されていることを確認します。
⑧「エフオーエム不動産株式会社」と入力します。

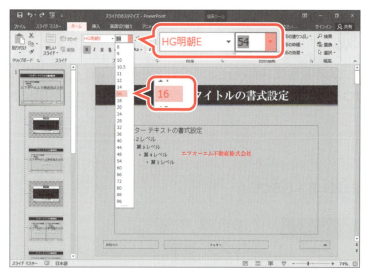

⑨ワードアートを選択します。
⑩《ホーム》タブを選択します。
⑪《フォント》グループの MS ゴシック本 (フォント)の をクリックし、一覧から《HG明朝E》を選択します。
⑫《フォント》グループの 54 (フォントサイズ)の をクリックし、一覧から《16》を選択します。

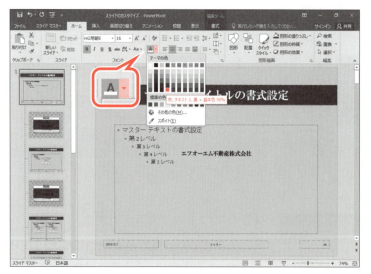

⑬《フォント》グループの A (フォントの色)の をクリックします。
⑭《テーマの色》の《茶、テキスト2、黒+基本色50%》をクリックします。

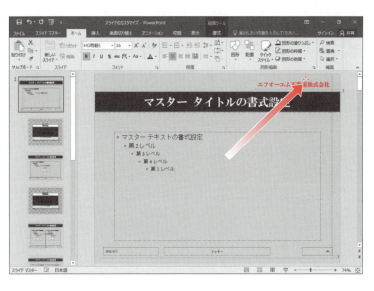

ワードアートに書式が設定されます。

⑮図のように、ワードアートをドラッグして移動します。

6 画像の挿入

フォルダー「第4章」の画像「会社ロゴ」を挿入しましょう。

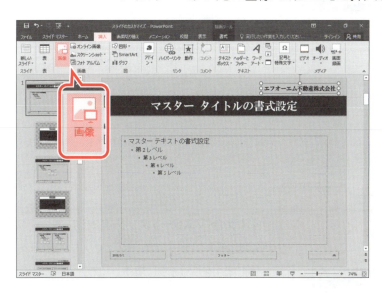

①《挿入》タブを選択します。
②《画像》グループの (図)をクリックします。

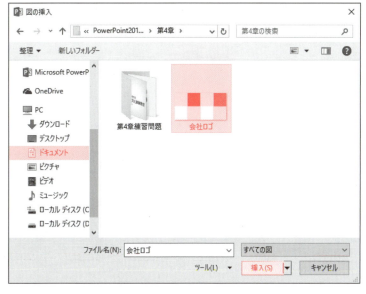

《図の挿入》ダイアログボックスが表示されます。
画像が保存されている場所を選択します。
③左側の一覧から《ドキュメント》を選択します。
※《ドキュメント》が表示されていない場合は、《PC》をダブルクリックします。
④右側の一覧から「PowerPoint2016応用」を選択します。
⑤《挿入》をクリックします。
⑥一覧から「第4章」を選択します。
⑦《挿入》をクリックします。
挿入する画像を選択します。
⑧一覧から「会社ロゴ」を選択します。
⑨《挿入》をクリックします。

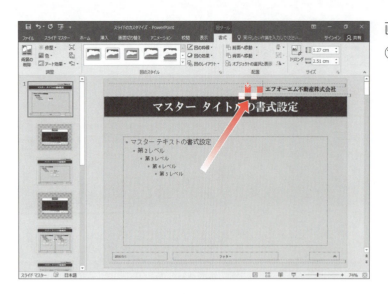

画像が挿入されます。

⑩図のように、画像をドラッグして移動します。

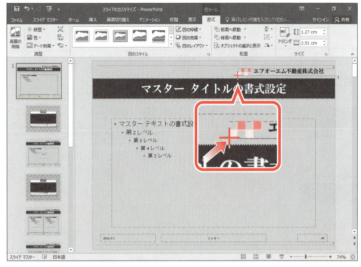

⑪図のように、画像の○（ハンドル）をドラッグしてサイズを変更します。

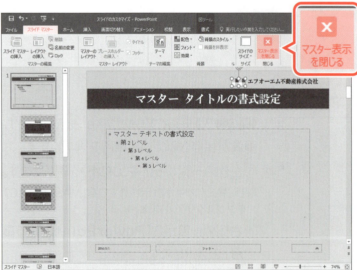

スライドマスターを閉じます。

⑫《スライドマスター》タブを選択します。

⑬《閉じる》グループの ■ （マスター表示を閉じる）をクリックします。

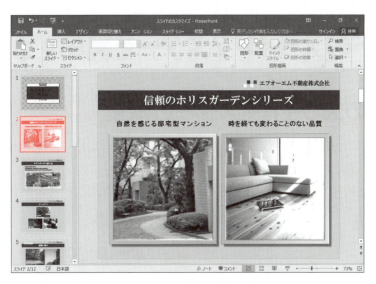

標準表示に戻ります。

⑭スライド2を選択します。

⑮スライドのデザインが変更されていることを確認します。

※確認後、スライド1を選択しておきましょう。

POINT ▶▶▶

タイトルスライドの背景の表示・非表示

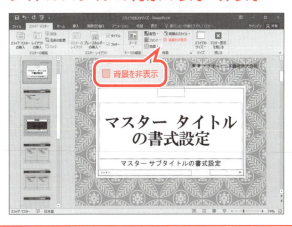

プレゼンテーションに適用されているテーマによって、共通のスライドマスターに挿入したオブジェクトがタイトルスライドに表示されないものがあります。

第4章で使用しているプレゼンテーションのテーマ「シャボン」は、共通のスライドマスターに挿入したオブジェクトがタイトルスライドに表示されないよう設定されています。

タイトルスライドの背景の表示・非表示を切り替える方法は、次のとおりです。

◆スライドマスターを表示→サムネイルの一覧から《タイトルスライドレイアウト：スライド1で使用される》を選択→《スライドマスター》タブ→《背景》グループの《☑背景を非表示》または《☐背景を非表示》

POINT ▶▶▶

テーマのデザインのコピー

「Officeテーマ」や「イオン」、「ウィスプ」などのテーマを適用したプレゼンテーションは、共通のスライドマスターに挿入したロゴや会社名などのオブジェクトがタイトルスライドにも表示されます。

タイトルスライドにオブジェクトを表示したくない場合は、タイトルスライドの背景を非表示にします。ただし、背景を非表示にすると、ロゴや会社名などのオブジェクトだけでなく、テーマのデザインとして挿入されているオブジェクトも非表示になります。

テーマのデザインとして挿入されているオブジェクトを表示したい場合は、共通のスライドマスターから対象のオブジェクトをコピーするとよいでしょう。

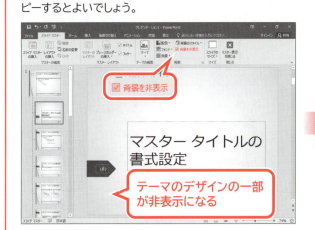
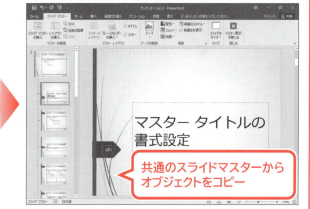

Step 4 タイトルスライドのスライドマスターを編集する

1 タイトルスライドのスライドマスターの編集

「**タイトルスライド**」レイアウトのスライドマスターを編集すると、プレゼンテーション内のタイトルスライドのデザインを変更できます。
「**タイトルスライド**」レイアウトのスライドマスターを、次のように編集しましょう。

水色の図形と黒い枠線の削除

タイトルのプレースホルダーの塗りつぶしの色の変更
タイトルのフォントとフォントサイズの変更

サブタイトルのプレースホルダーのフォントサイズの変更

2 タイトルの書式設定

タイトルのプレースホルダーとサブタイトルのプレースホルダーに、次のような書式を設定しましょう。

●タイトルのプレースホルダー

```
塗りつぶしの色：塗りつぶしなし
フォント       ：HG明朝E
フォントサイズ  ：60ポイント
```

●サブタイトルのプレースホルダー

```
フォントサイズ  ：24ポイント
```

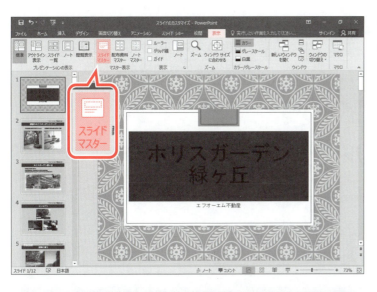

①《表示》タブを選択します。
②《マスター表示》グループの (スライドマスター表示)をクリックします。

スライドマスターが表示されます。
③サムネイルの一覧から《タイトルスライドレイアウト：スライド1で使用される》を選択します。

④タイトルのプレースホルダーを選択します。

⑤《書式》タブを選択します。
⑥《図形のスタイル》グループの 図形の塗りつぶし ▼ （図形の塗りつぶし）をクリックします。
⑦《塗りつぶしなし》をクリックします。

⑧《ホーム》タブを選択します。
⑨《フォント》グループの MS ゴシック 本▼ （フォント）の ▼ をクリックし、一覧から《HG明朝E》を選択します。
⑩《フォント》グループの 62 ▼ （フォントサイズ）の ▼ をクリックし、一覧から《60》を選択します。

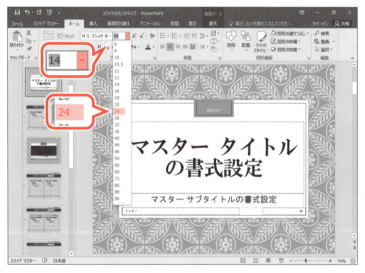

タイトルのプレースホルダーに書式が設定されます。
⑪サブタイトルのプレースホルダーを選択します。
⑫《フォント》グループの 14 ▼ （フォントサイズ）の ▼ をクリックし、一覧から《24》を選択します。

サブタイトルのプレースホルダーに書式が設定されます。

3 図形の削除

タイトルのプレースホルダーの上部にある水色の図形と黒い枠線を削除しましょう。

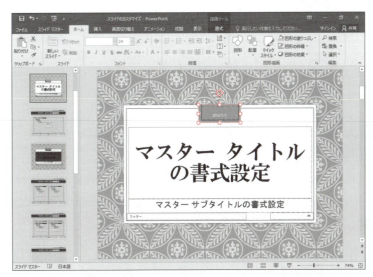

①水色の図形を選択します。
②Delete を押します。

水色の図形が削除されます。
③黒い枠線を選択します。
④Delete を押します。

144

黒い枠線が削除されます。

⑤《スライドマスター》タブを選択します。

⑥《閉じる》グループの ❎ （マスター表示を閉じる）をクリックします。

標準表示に戻ります。

⑦スライド1のデザインが変更されていることを確認します。

4 テーマとして保存

スライドマスターで編集したデザインをオリジナルのテーマとして保存できます。テーマに名前を付けて保存しておくと、ほかのプレゼンテーションに適用できます。

スライドマスターで編集したデザインをテーマ「**ホリスガーデンシリーズ**」として保存しましょう。

①《デザイン》タブを選択します。

②《テーマ》グループの ▼ （その他）をクリックします。

③《現在のテーマを保存》をクリックします。

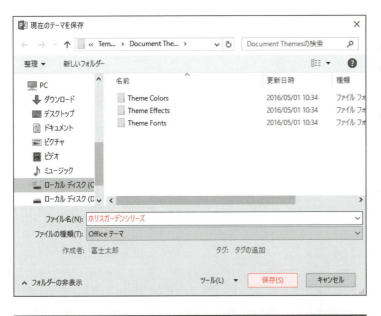

《現在のテーマを保存》ダイアログボックスが表示されます。

④《ファイル名》に「ホリスガーデンシリーズ」と入力します。

⑤《保存》をクリックします。

テーマが保存されます。

⑥《テーマ》グループの ▼ (その他)をクリックし、《ユーザー定義》に「ホリスガーデンシリーズ」が表示されていることを確認します。

※確認できたら Esc を押して、テーマの一覧を非表示にしておきましょう。

> **POINT**
>
> **テーマの削除**
>
> 保存したテーマを削除する方法は、次のとおりです。
>
> ◆《デザイン》タブ→《テーマ》グループの ▼ (その他)→削除するテーマを右クリック→《削除》

> **POINT**
>
> **ユーザー定義のテーマの適用**
>
> 保存したオリジナルのテーマを適用する方法は、次のとおりです。
>
> ◆《デザイン》タブ→《テーマ》グループの ▼ (その他)→《ユーザー定義》の一覧から選択
>
>

146

POINT ▶▶▶

その他のマスター

プレゼンテーション全体の書式を管理するマスターには、スライドマスター以外に「配布資料マスター」と「ノートマスター」があります。

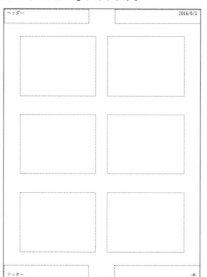

●配布資料マスター

出席者に配布する配布資料のヘッダーやフッター、ページ番号などを管理します。
配布資料マスターを表示する方法は、次のとおりです。

◆《表示》タブ→《マスター表示》グループの （配布資料マスター表示）

●ノートマスター

ノートのスライド領域のサイズやノートペインの書式などを管理します。
ノートマスターを表示する方法は、次のとおりです。

◆《表示》タブ→《マスター表示》グループの（ノートマスターの表示）

Step5 ヘッダーとフッターを挿入する

1 作成するスライドの確認

次のようなスライドを作成しましょう。

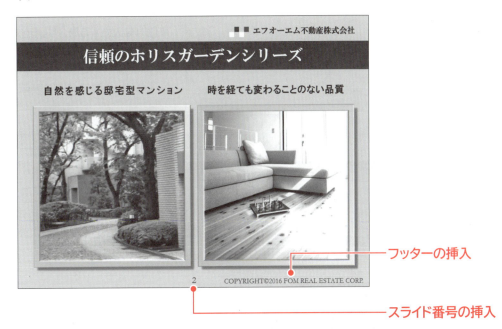

フッターの挿入
スライド番号の挿入

2 ヘッダーとフッターの挿入

「ヘッダー」はスライド上部の領域、「フッター」はスライド下部の領域のことです。すべてのスライドに共通して入れておきたい日付や会社名、スライド番号などを出力する場合に設定します。
タイトルスライド以外のすべてのスライドのフッターに「COPYRIGHT©2016 FOM REAL ESTATE CORP.」とスライド番号を挿入しましょう。

①《挿入》タブを選択します。
②《テキスト》グループの (ヘッダーとフッター) をクリックします。

148

第4章 スライドのカスタマイズ

《ヘッダーとフッター》ダイアログボックスが表示されます。

③《スライド》タブを選択します。

④《スライド番号》を☑にします。

⑤《フッター》を☑にし、「COPYRIGHT© 2016 FOM REAL ESTATE CORP.」と入力します。

※「©」を入力する場合は、「c」と入力して[変換]を2回押す→変換候補の一覧から「©」を選択します。
※英数字は半角で入力します。

⑥《タイトルスライドに表示しない》を☑にします。

⑦《すべてに適用》をクリックします。

⑧タイトルスライド以外のスライドにスライド番号とフッターが挿入されていることを確認します。

3 ヘッダーとフッターの編集

ヘッダーとフッターに挿入した文字やスライド番号は、スライド上に表示されているものを直接編集できます。しかし、タイトルスライド以外のすべてのスライドに共通で挿入しているヘッダーやフッターを編集する場合は、スライドマスターを使うと効率よく作業できます。

スライドマスターを使って、「COPYRIGHT©2016 FOM REAL ESTATE CORP.」のフォントサイズを14ポイントに変更して、位置を調整しましょう。

次に、スライド番号を中央揃えにし、フォントサイズを18ポイントに変更して、位置を調整しましょう。

①《表示》タブを選択します。

②《マスター表示》グループの (スライドマスター表示)をクリックします。

149

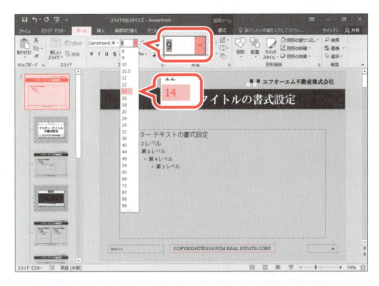

③サムネイルの一覧から《シャボンスライドマスター：スライド1-12で使用される》を選択します。

※一覧に表示されていない場合は、スクロールして調整します。

④「COPYRIGHT©2016 FOM REAL ESTATE CORP.」のプレースホルダーを選択します。

⑤《ホーム》タブを選択します。

⑥《フォント》グループの 9 ▼ （フォントサイズ）の ▼ をクリックし、一覧から《14》を選択します。

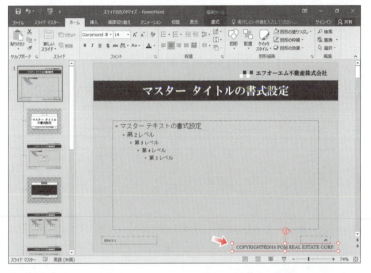

⑦図のように、「COPYRIGHT©2016 FOM REAL ESTATE CORP.」のプレースホルダーをドラッグして移動します。

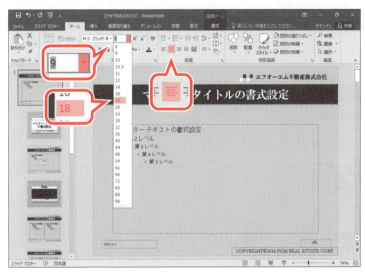

⑧「〈#〉」のプレースホルダーを選択します。

⑨《段落》グループの ≡ （中央揃え）をクリックします。

⑩《フォント》グループの 9 ▼ （フォントサイズ）の ▼ をクリックし、一覧から《18》を選択します。

150

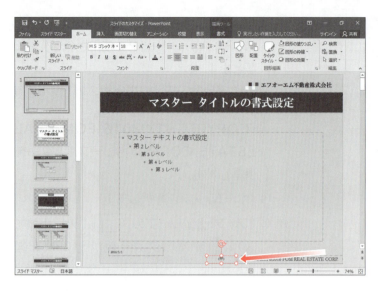

⑪図のように、「〈#〉」のプレースホルダーをドラッグして移動します。

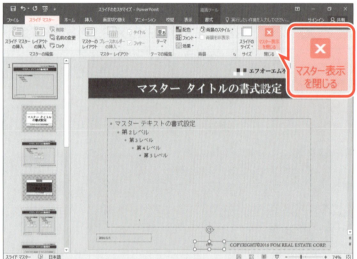

⑫《スライドマスター》タブを選択します。
⑬《閉じる》グループの (マスター表示を閉じる)をクリックします。

標準表示に戻ります。
⑭タイトルスライド以外のスライドのスライド番号とフッターの書式と位置が変更されていることを確認します。

Step6 オブジェクトに動作を設定する

1 オブジェクトの動作設定

スライド上の画像や図形などのオブジェクトをクリックしたときに、別のスライドにジャンプしたり、別のファイルを表示したり、Webページを表示したりするなどの動作を設定することができます。

プレゼンテーションを実施する際に、スライドの順序は変えずに別のスライドを参照させたい場合や、複数のプレゼンテーションを使って説明したい場合などに便利です。

スライド4のSmartArtグラフィック内の左下の画像をクリックすると、スライド6にジャンプするリンクを設定しましょう。

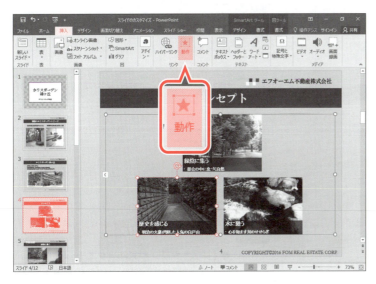

①スライド4を選択します。
②左下の画像を選択します。
③《挿入》タブを選択します。
④《リンク》グループの ★ (動作)をクリックします。

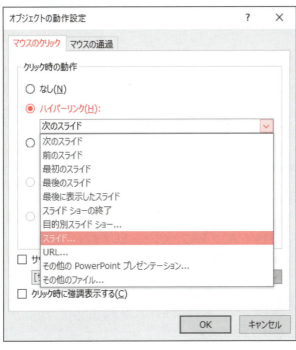

《オブジェクトの動作設定》ダイアログボックスが表示されます。
⑤《マウスのクリック》タブを選択します。
⑥《ハイパーリンク》を ⦿ にします。
⑦ ∨ をクリックし、一覧から《スライド》を選択します。

第4章 スライドのカスタマイズ

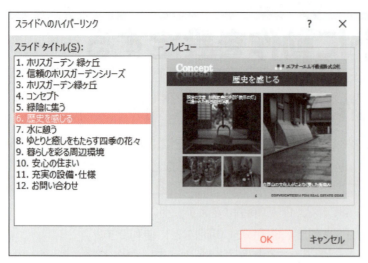

《スライドへのハイパーリンク》ダイアログボックスが表示されます。

⑧《スライドタイトル》の一覧から「6.歴史を感じる」を選択します。

⑨《OK》をクリックします。

《オブジェクトの動作設定》ダイアログボックスに戻ります。

⑩《OK》をクリックします。

その他の方法（オブジェクトの動作設定）

◆《挿入》タブ→《リンク》グループの （ハイパーリンクの追加）→《このドキュメント内》→《ドキュメント内の場所》の一覧からスライドを選択

POINT ▶▶▶

《オブジェクトの動作設定》ダイアログボックス

《オブジェクトの動作設定》ダイアログボックスの《マウスのクリック》タブでは、次のような設定ができます。

❶なし
何も実行しないようにする場合に選択します。

❷ハイパーリンク
次のスライドや前のスライド、最初のスライド、最後のスライド、Webページ、ほかのファイルなどリンク先を指定します。

❸プログラムの実行
実行するプログラムファイルを指定します。

❹マクロの実行
実行するマクロを指定します。

❺オブジェクトの動作
OLEオブジェクトの動作を設定します。

❻サウンドの再生
再生するサウンドまたはオーディオを指定します。

❼クリック時に強調表示する
クリックしたときにオブジェクトの周囲に点線を表示します。

2 動作の確認

スライドショーを実行し、画像に設定したリンクを確認しましょう。

①スライド4が選択されていることを確認します。
②《スライドショー》タブを選択します。
③《スライドショーの開始》グループの ▣ (このスライドから開始)をクリックします。

スライドショーが実行されます。
④左下の画像をポイントします。
マウスポインターの形が 🖑 に変わります。
⑤クリックします。

スライド6が表示されます。
※ Esc を押して、スライドショーを終了しておきましょう。

Step 7 動作設定ボタンを作成する

1 動作設定ボタン

「動作設定ボタン」とは、あらかじめ用意されている ◁（戻る/前へ）や ▷（進む/次へ）、⌂（ホーム）などのボタンのことです。
スライド上に動作設定ボタンを作成すると、ボタンをクリックしてプレゼンテーション内の別のスライドにジャンプしたり、別のファイルを開いたりできます。

●動作設定ボタン

2 動作設定ボタンの作成

スライド6にスライド4へ戻る動作設定ボタンを作成しましょう。

①スライド6を選択します。
②《挿入》タブを選択します。
③《図》グループの （図形）をクリックします。
④《動作設定ボタン》の （動作設定ボタン：戻る）をクリックします。

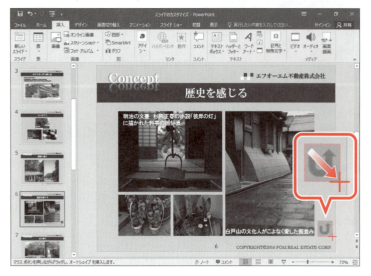

⑤図のようにドラッグします。

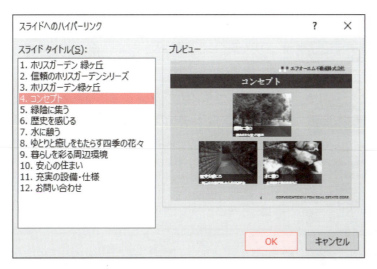

動作設定ボタンが作成され、《オブジェクトの動作設定》ダイアログボックスが表示されます。

⑥《マウスのクリック》タブを選択します。
⑦《ハイパーリンク》を◉にします。
⑧ ▽ をクリックし、一覧から《スライド》を選択します。

《スライドへのハイパーリンク》ダイアログボックスが表示されます。

⑨《スライドタイトル》の一覧から「4.コンセプト」を選択します。
⑩《OK》をクリックします。

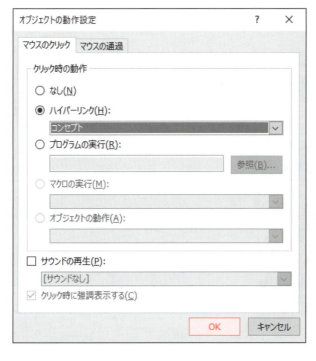

《オブジェクトの動作設定》ダイアログボックスに戻ります。

⑪《OK》をクリックします。

156

動作設定ボタンが作成されます。

動作設定ボタンの編集

動作設定ボタンに設定された内容は、あとから変更できます。
設定内容を変更する方法は、次のとおりです。
◆動作設定ボタンを右クリック→《ハイパーリンクの編集》

3 動作設定ボタンの確認

スライドショーを実行し、スライド6に作成した動作設定ボタンのリンクを確認しましょう。

①スライド6が選択されていることを確認します。
②《スライドショー》タブを選択します。
③《スライドショーの開始》グループの (このスライドから開始)をクリックします。

スライドショーが実行されます。
④動作設定ボタンをポイントします。
マウスポインターの形が に変わります。
⑤クリックします。

スライド4が表示されます。
※ Esc を押して、スライドショーを終了しておきましょう。

Let's Try ためしてみよう

次のようにスライドを編集しましょう。
① スライド4のSmartArtグラフィック内の残りの2つの画像に、クリックすると各スライドにジャンプするリンクを設定しましょう。

画像の位置	リンク先
上	スライド5
右下	スライド7

② スライド5とスライド7にスライド4に戻る動作設定ボタンを作成しましょう。
③ スライドショーを実行し、①と②で設定したリンクを確認しましょう。

Let's Try Answer

①
① スライド4を選択
② 上の画像を選択
③《挿入》タブを選択
④《リンク》グループの (動作)をクリック
⑤《マウスのクリック》タブを選択
⑥《ハイパーリンク》を ◉ にする
⑦ をクリックし、一覧から《スライド》を選択
⑧《スライドタイトル》の一覧から「5.緑陰に集う」を選択
⑨《OK》をクリック
⑩《OK》をクリック
⑪ 同様に、右下の画像にリンクを設定

②
① スライド5を選択
②《挿入》タブを選択
③《図》グループの (図形)をクリック
④《動作設定ボタン》の (動作設定ボタン:戻る)をクリック
⑤ 始点から終点までドラッグして、動作設定ボタンを作成
⑥《マウスのクリック》タブを選択
⑦《ハイパーリンク》を ◉ にする
⑧ をクリックし、一覧から《スライド》を選択
⑨《スライドタイトル》の一覧から「4.コンセプト」を選択
⑩《OK》をクリック
⑪《OK》をクリック
⑫ 同様に、スライド7に動作設定ボタンを作成

③
① スライド4を選択
②《スライドショー》タブを選択
③《スライドショーの開始》グループの (このスライドから開始)をクリック
④ 上の画像をクリック
⑤ スライド5の動作設定ボタンをクリック
⑥ スライド4の右下の画像をクリック
⑦ スライド7の動作設定ボタンをクリック
※ Esc を押して、スライドショーを終了しておきましょう。

※プレゼンテーションに「スライドのカスタマイズ完成」と名前を付けて、フォルダー「第4章」に保存し、閉じておきましょう。

Exercise 練習問題

解答 ▶ 別冊P.7

File OPEN フォルダー「第4章練習問題」のプレゼンテーション「第4章練習問題」を開いておきましょう。

次のようなプレゼンテーションを作成しましょう。

●完成図

1枚目

2枚目
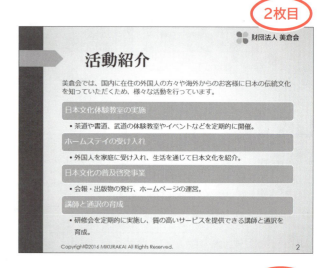

3枚目
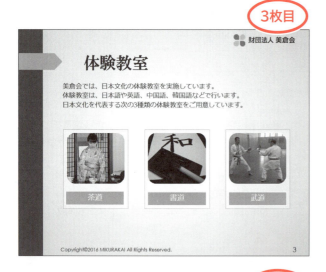

4枚目
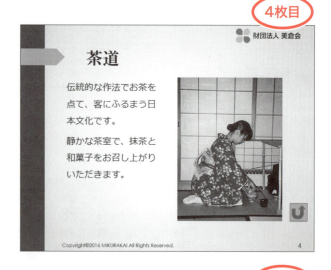

5枚目
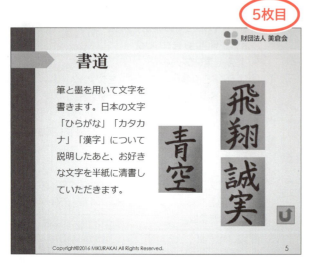

6枚目
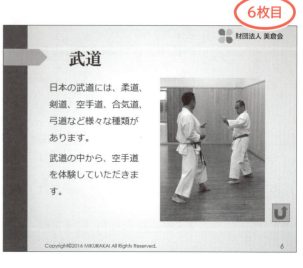

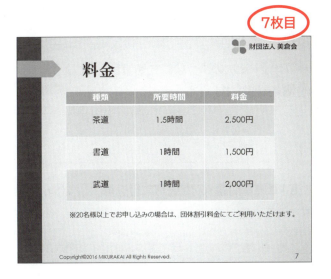 7枚目

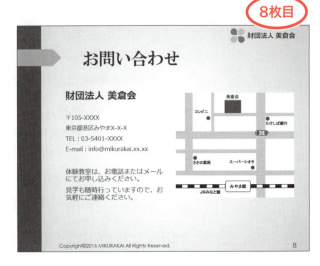 8枚目

①スライドマスターを表示しましょう。

②共通のスライドマスターのタイトルに、次のような書式を設定しましょう。

フォント　　　　：HGS明朝E
フォントサイズ　：40ポイント

③共通のスライドマスターのスライドの左側にある弧状の図形を削除しましょう。
　次に、長方形のサイズを変更しましょう。

Hint　弧状の図形は、濃い色と薄い色の弧状の図形で構成されています。図形を削除するには、濃い色と薄い色の弧状の図形をそれぞれ削除します。

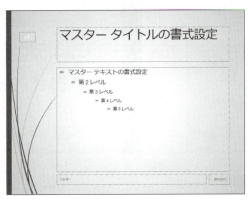 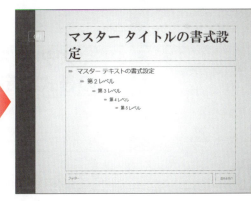

④共通のスライドマスターに、ワードアートを使って「財団法人 美倉会」を作成しましょう。ワードアートのスタイルは、「塗りつぶし-緑、アクセント4、面取り（ソフト）」とします。

⑤共通のスライドマスターに作成したワードアートに、次のような書式を設定しましょう。
次に、完成図を参考に、ワードアートの位置を調整しましょう。

```
フォントサイズ：16ポイント
フォントの色　：黒、テキスト1
```

⑥共通のスライドマスターに、フォルダー「第4章練習問題」の画像「ロゴ」を挿入しましょう。次に、完成図を参考に、画像の位置とサイズを調整しましょう。

⑦タイトルスライドのスライドマスターにあるタイトルのフォントサイズを60ポイントに変更しましょう。

⑧タイトルスライドのスライドマスターにあるサブタイトルのフォントサイズを24ポイントに変更し、右揃えにしましょう。

⑨タイトルスライドのスライドマスターにあるワードアートとロゴがタイトルスライドに表示されないように、背景を非表示にしましょう。

Hint 《スライドマスター》タブ→《背景》グループを使います。

⑩タイトルスライドのスライドマスターに、共通のスライドマスターにある長方形をコピーし、長方形をホームベースとスライド番号のプレースホルダーの背面に表示しましょう。

⑪スライドマスターを非表示にしましょう。

⑫スライドマスターで編集したデザインをテーマ「美倉会」として保存しましょう。

⑬タイトルスライド以外のすべてのスライドのフッターに「**Copyright©2016 MIKURAKAI All Rights Reserved.**」とスライド番号を挿入しましょう。

※英数字は半角で入力します。

Hint 「©」は、「c」と入力して変換します。

⑭スライドマスターを表示し、共通のスライドマスターにあるフッターに次のような書式を設定しましょう。
　次に、フッターの位置を調整しましょう。

フォントの色　　：黒、テキスト1
フォントサイズ：12ポイント

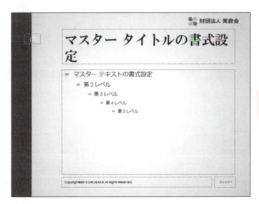 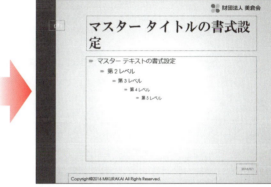

⑮共通のスライドマスターにあるスライド番号に次のような書式を設定しましょう。
　次に、スライド番号の位置を調整し、スライドマスターを非表示にしましょう。

フォントの色　　：黒、テキスト1
フォントサイズ：16ポイント

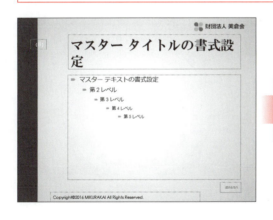 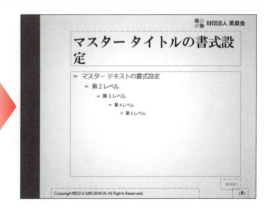

⑯スライド3のSmartArtグラフィック内の画像をクリックすると、各スライドにジャンプするリンクを設定しましょう。

画像	リンク先
茶道	スライド4
書道	スライド5
武道	スライド6

⑰完成図を参考に、スライド4からスライド6に、スライド3に戻る動作設定ボタンを作成しましょう。

⑱スライドショーを実行し、スライド3からスライド6に設定したリンクを確認しましょう。

※プレゼンテーションに「第4章練習問題完成」と名前を付けて、フォルダー「第4章練習問題」に保存し、閉じておきましょう。

第5章 Chapter 5

ほかのアプリケーションとの連携

Check	この章で学ぶこと	165
Step1	作成するプレゼンテーションを確認する	166
Step2	Wordのデータを利用する	169
Step3	Excelのデータを利用する	175
Step4	ほかのPowerPointのデータを利用する	190
Step5	スクリーンショットを挿入する	194
練習問題		198

Chapter 5

この章で学ぶこと

学習前に習得すべきポイントを理解しておき、
学習後には確実に習得できたかどうかを振り返りましょう。

1. Word文書を挿入する手順を理解し、スライドに挿入できる。 → P.170

2. スライドをリセットできる。 → P.172

3. Excelグラフの貼り付け方法を理解し、必要に応じて使い分けられる。 → P.176

4. Excelグラフをスライドにリンクし、そのリンクを確認できる。 → P.178

5. スライドにExcelグラフを図として貼り付ける意味を理解し、貼り付けられる。 → P.184

6. Excel表の貼り付け方法を理解し、必要に応じて使い分けられる。 → P.186

7. Excel表をスライドに貼り付けられる。 → P.186

8. ほかのPowerPointのスライドを再利用できる。 → P.190

9. スクリーンショットを使ってスライドに画像を挿入できる。 → P.194

Step 1 作成するプレゼンテーションを確認する

1 作成するプレゼンテーションの確認

次のようなプレゼンテーションを作成しましょう。

1枚目

子どもの携帯電話に関する調査報告

白戸山市教育委員会　（平成28年11月）

2枚目

調査概要

- ■調査目的
  - 携帯電話利用に関するガイドブック作成のため、生徒および保護者の携帯電話利用についての実態と意識を調査する。
- ■調査対象
  - 白戸山市内の公立小学校に通う4～6学年の生徒9,143人とその保護者
  - 白戸山市内の公立中学校に通う生徒8,081人とその保護者
- ■調査期間
  - 平成28年10月17日～10月28日
- ■調査方法
  - 学校経由での無記名アンケート

3枚目

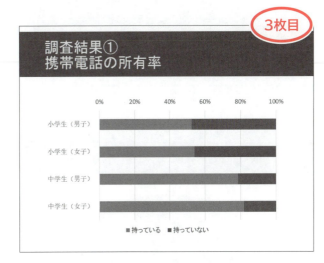

調査結果①
携帯電話の所有率

4枚目

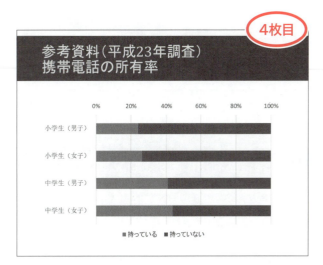

参考資料（平成23年調査）
携帯電話の所有率

5枚目

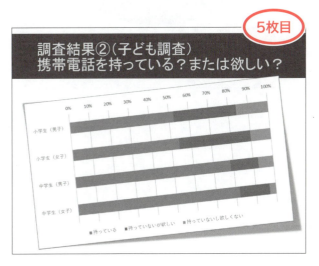

調査結果②（子ども調査）
携帯電話を持っている？または欲しい？

6枚目

調査結果③
携帯電話を持たせた時期と主な理由

- ■小学1～3年生
  - 帰宅時に親が不在のため
  - 誕生日、進学、進級時のプレゼント
- ■小学4～6年生
  - 通塾や習い事などひとりで行動することが増えたため
  - 帰宅時に親が不在のため
- ■中学生
  - 家族や友人間のコミュニケーションのため
  - 子どもの交友関係で必要だから

調査結果④ 携帯電話を持たせない理由 (7枚目)

- ■小学生
  - ・必要性を感じない
  - ・子ども自身が欲しがらない
  - ・トラブルに巻き込まれる可能性がある
- ■中学生
  - ・トラブルに巻き込まれる可能性がある
  - ・生活習慣の乱れや勉強の妨げになる
  - ・子どもの持ち物としてふさわしくない

調査結果⑤ 使用中の携帯電話の種類 (8枚目)

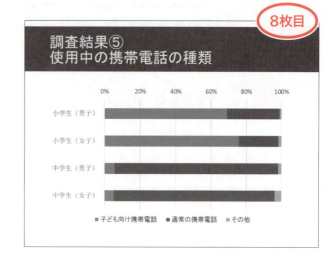

調査結果⑥（子ども調査） 携帯電話を使う目的は何ですか？ (9枚目)

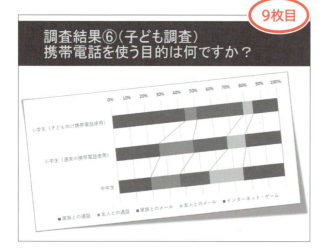

調査結果⑦ 家庭における携帯電話のルール (10枚目)

ルール	小学生	中学生
料金の上限を決めている	2.1%	5.7%
利用する時間を決めている	1.8%	16.3%
利用する場所を決めている	2.8%	18.1%
通話やメールの相手を限定している	81.7%	3.7%
個人情報を書き込まない	2.0%	29.7%
出会い系サイト、アダルトサイトにアクセスしない	0.3%	19.4%
特にルールはない	8.4%	5.2%
その他	0.9%	1.9%

調査結果⑧ 携帯電話利用に関する心配事項 (11枚目)

心配事項	小学生 所有	小学生 未所有	中学生 所有	中学生 未所有
出会い系サイトなど知らない人との交流	1.3%	2.2%	15.2%	17.6%
ネットやメールによる誹謗中傷、いじめ	18.3%	35.0%	34.3%	34.9%
有害なサイトへのアクセス	1.7%	10.1%	12.1%	10.2%
高額な利用料金の請求	1.4%	6.1%	5.4%	11.3%
家族との時間が少なくなる	2.8%	10.2%	3.8%	3.4%
勉強に身が入らなくなる	4.8%	16.8%	13.9%	10.1%
子どもの交友関係を把握しづらくなる	3.9%	8.4%	7.6%	7.2%
特に心配事はない	62.3%	8.9%	5.6%	2.1%
その他	3.5%	2.3%	2.1%	3.2%

調査結果⑨ フィルタリングの設定状況 (12枚目)

総括①

5年前から大幅な増加
今回の調査で、携帯電話を所有している小学生は、53.2%（5年前:25.3%）、中学生は80.3%（5年前:42.2%）と、どちらも大幅に増加していることが認められる。

携帯電話への関心の高さ
子どもへの調査によると、86.9%の小学生、94.6%の中学生が携帯電話を持っている、または欲しいと思っており、携帯電話への関心の高さがうかがえる。

所有状況

小学生が携帯電話を持つ理由では、「帰宅時に親が不在である」「ひとりで行動することが増えた」などが多く、親が積極的に持たせていることがうかがえる。

中学生が携帯電話を持つ理由では、「家族や友人間のコミュニケーション」「子どもの交友関係で必要」が多く、子ども側からの要望で持たせていることがうかがえる。

小学生は親が主導　　**中学生は子どもからの要望**

総括②

子ども向け携帯電話の使用
- 小学生72.2%であるのに対し、中学生4.8%となっており、このことからも保護者主導で持たせるか、子どもの要望によるものかが推測される。

携帯電話の使用目的
- 子ども向け携帯電話を使用中の小学生は、通話やメールの相手がほぼ家族であるのに対し、通常の携帯電話を使用している小・中学生は、通話もメールも相手は家族と友人が半分ずつ程度となっている。
- 中学生では、インターネットやゲームを目的としている割合が最も高い。

家庭内におけるルールについて
- 小・中学生とも90%以上の家庭でルールを設けている。小学生では、通話やメールの相手を限定するものが多く、ネットの利用についてのルールはあまりみられない。これは、子ども向け携帯電話の使用率の高さとリンクしていると考えられる。
- 中学生では、ネットの利用についてのルールがメインとなり、料金の上限や利用時間よりも重視されている傾向にある。

※子ども向け携帯電話
通話やメールの相手、時間などを限定したり、インターネットへの接続を制限したりした携帯電話。GPS機能が搭載されており、子どもの居場所の確認などに利用されることも多い。

総括③

携帯電話の利用に関する心配事について
- 携帯電話を持っていない子どもの保護者の方が、携帯電話を持っている子どもの保護者より、多くの点で携帯電話の利用を心配している。
- 携帯電話を持っている小学生の保護者は、子ども向け携帯電話を持たせている割合が高いことから、特に心配事はないと回答していると考えられる。
- 中学生については、携帯電話を持っているいないに関わらず、ネットの利用や生活習慣の影響などについて心配する保護者が多い。
- ネットの利用について心配する保護者は多いが、フィルタリングについては関心を示さない保護者が多数いる。

↓

フィルタリングの認知度を上げるための啓発活動が必要

※フィルタリング
子どもにとって有害なサイトへのアクセスを制限し、閲覧することを防ぐ機能。

ガイドブックの概要について

対象者
- 小・中学生の保護者

提供時期
- 平成29年4月

内容
- 子ども向け携帯電話の推奨（小学生）
- 携帯電話に関するトラブルや犯罪（ケーススタディ）
- フィルタリングの設定について
- 家庭内における利用ルールの取り決めについて
- 学校との連携について

携帯電話利用のしおり
小学校高学年向け
平成29年度版

白戸山市教育委員会

Step2 Wordのデータを利用する

1 作成するスライドの確認

Word文書を利用して、次のようなスライドを作成しましょう。

●Word文書「調査結果」

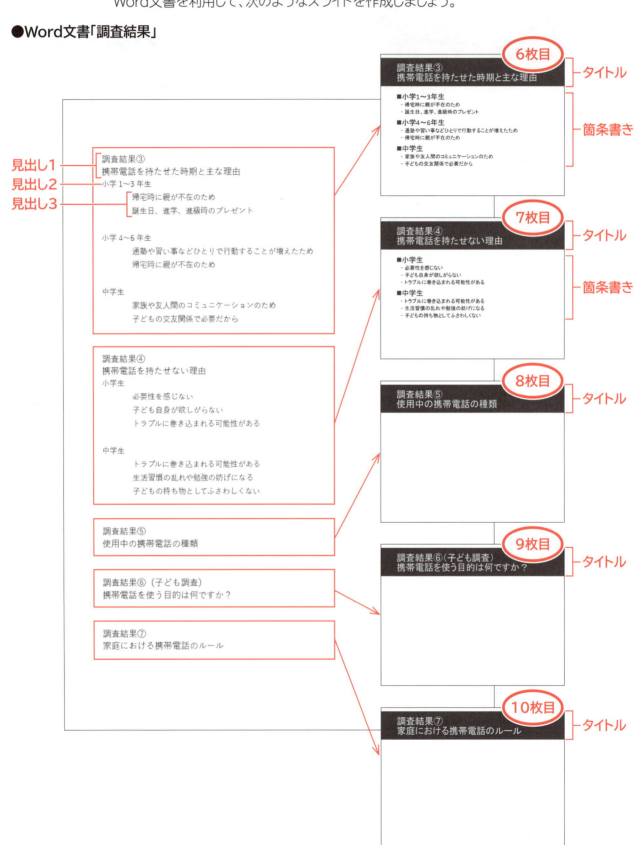

2 Word文書の挿入

Wordで作成した文書を挿入し、PowerPointのスライドを作成できます。
Word文書をスライドとして利用する手順は、次のとおりです。

1 Word上でスタイルを設定

スライドのタイトルにしたい段落に「見出し1」、箇条書きテキストにしたい段落に「見出し2」から「見出し9」のスタイルを設定します。

2 PowerPoint上にWord文書を挿入

PowerPointにWord文書を挿入します。

3 アウトラインからスライド

スライド5の後ろに、Word文書**「調査結果」**を挿入しましょう。
※Word文書「調査結果」には、あらかじめ見出し1から見出し3までのスタイルが設定されています。

File OPEN フォルダー「第5章」のプレゼンテーション「ほかのアプリケーションとの連携」を開いておきましょう。

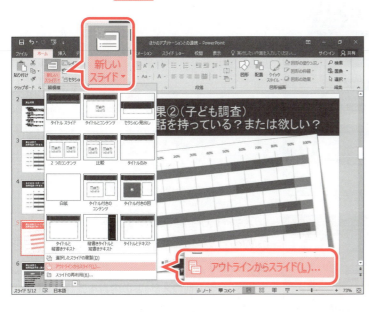

①スライド5を選択します。
②《**ホーム**》タブを選択します。
③《**スライド**》グループの （新しいスライド）の をクリックします。
④《**アウトラインからスライド**》をクリックします。

第5章 ほかのアプリケーションとの連携

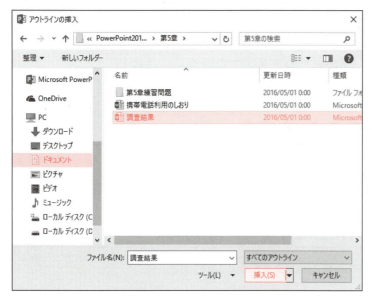

《アウトラインの挿入》ダイアログボックスが表示されます。
Word文書が保存されている場所を選択します。
⑤《ドキュメント》が表示されていることを確認します。
※《ドキュメント》が表示されていない場合は、《PC》→《ドキュメント》をクリックします。
⑥一覧から「**PowerPoint2016応用**」を選択します。
⑦《開く》をクリックします。
⑧一覧から「**第5章**」を選択します。
⑨《開く》をクリックします。
挿入するWord文書を選択します。
⑩一覧から「**調査結果**」を選択します。
⑪《挿入》をクリックします。

スライド5の後ろに、スライド6からスライド10が挿入されます。

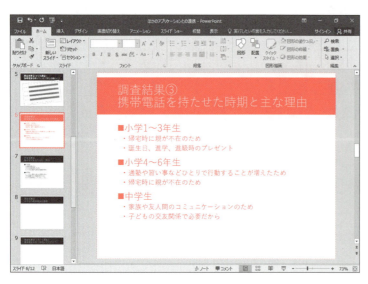

⑫スライド6を選択します。
⑬Word文書の内容が表示されていることを確認します。
※同様に、その他のスライドの内容を確認しておきましょう。

4 スライドのリセット

Word文書を挿入して作成したスライドには、Word文書で設定した書式がそのまま適用されています。

作成中のプレゼンテーションに適用されているテーマの書式にそろえるためにはスライドの**「リセット」**を行います。スライドのリセットを行うと、プレースホルダーの位置やサイズ、書式などがプレゼンテーションのテーマの設定に戻ります。

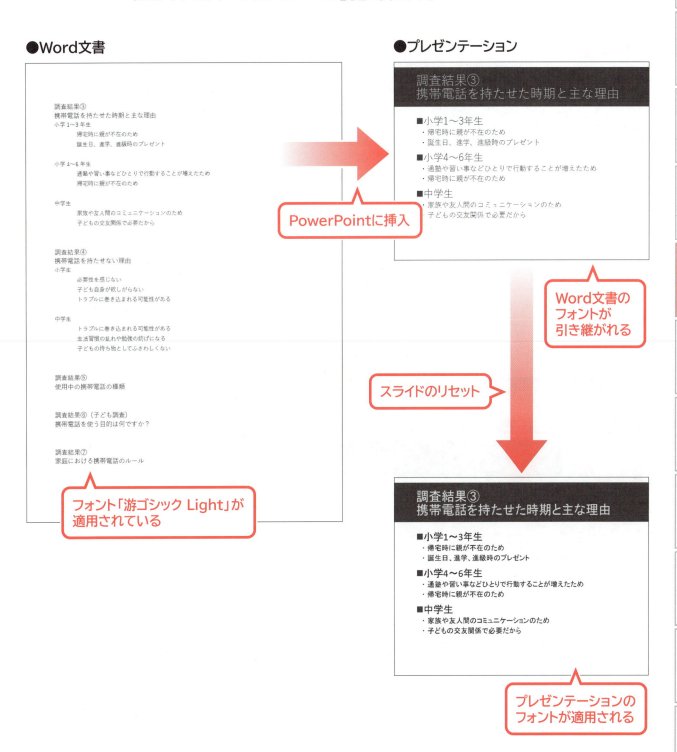

1 現在のテーマのフォントの確認

プレゼンテーション「**ほかのアプリケーションとの連携**」には、テーマ「**縞模様**」が適用されていますが、テーマのフォントは「**Office 2007-2010　MS Pゴシック　MS Pゴシック**」に変更されています。
プレゼンテーションに適用されているテーマのフォントを確認しましょう。

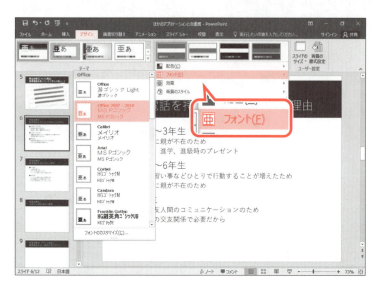

①《**デザイン**》タブを選択します。
②《**バリエーション**》グループの（その他）をクリックします。
③《**フォント**》をポイントします。
④《**Office 2007-2010　MS Pゴシック　MS Pゴシック**》が選択されていることを確認します。

2 スライドのリセット

スライド6からスライド10は、Word文書「**調査結果**」のフォント「**游ゴシック Light**」が引き継がれています。
スライド6からスライド10をリセットしましょう。

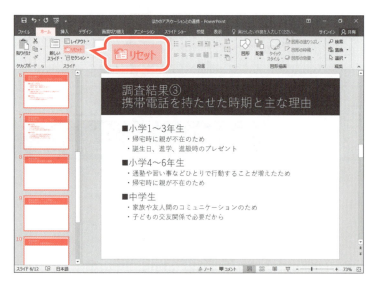

①スライド6を選択します。
②[Shift]を押しながら、スライド10を選択します。
5枚のスライドが選択されます。
③《**ホーム**》タブを選択します。
④《**スライド**》グループの（リセット）をクリックします。

スライドがリセットされ、スライド内のフォントがテーマのフォントに変わります。
※各スライドをクリックして確認しておきましょう。

Let's Try ためしてみよう

次のようにスライドを編集しましょう。
①スライド8からスライド10の3枚のスライドのレイアウトを「タイトルのみ」に変更しましょう。
②スライド11とスライド12のタイトルを次のように編集しましょう。

●スライド11
　「調査結果③」を「調査結果⑧」に変更
●スライド12
　「調査結果④」を「調査結果⑨」に変更

スライド11

スライド12

Let's Try Answer

①
①スライド8を選択
②[Shift]を押しながら、スライド10を選択
③《ホーム》タブを選択
④《スライド》グループの（スライドのレイアウト）をクリック
⑤《タイトルのみ》をクリック

②
①スライド11を選択
②タイトルの「調査結果③」を「調査結果⑧」に変更
③スライド12を選択
④タイトルの「調査結果④」を「調査結果⑨」に変更

Step3 Excelのデータを利用する

1 作成するスライドの確認

次のようなスライドを作成しましょう。

- 貼り付け先のテーマを使用してリンク貼り付け
- リンクの確認

- 図として貼り付け
- 図のスタイルの適用

- 貼り付け先のスタイルを使用して貼り付け
- 表の書式設定

2 Excelのデータの貼り付け

Excelで作成した表やグラフをコピーしてPowerPointのスライドに利用できます。Excelのデータを貼り付ける場合は、あとからそのデータを修正するかどうかによって、貼り付け方法を決めるとよいでしょう。
Excelのデータをスライドに貼り付ける場合は、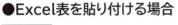（貼り付け）を使います。

●Excelグラフを貼り付ける場合　　●Excel表を貼り付ける場合

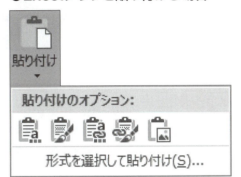 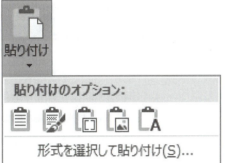

3 Excelグラフの貼り付け方法

Excelグラフをスライドに貼り付ける方法には、次のようなものがあります。

ボタン	ボタンの名前	説明
	貼り付け先のテーマを使用しブックを埋め込む	Excelで設定した書式を削除し、プレゼンテーションに設定されているテーマで埋め込みます。
	元の書式を保持しブックを埋め込む	Excelで設定した書式のまま、スライドに埋め込みます。
	貼り付け先テーマを使用しデータをリンク	Excelで設定した書式を削除し、プレゼンテーションに設定されているテーマで、Excelデータと連携された状態で貼り付けます。
	元の書式を保持しデータをリンク	Excelで設定した書式のまま、Excelデータと連携された状態で貼り付けます。
	図	Excelで設定した書式のまま、図として貼り付けます。 ※図（画像）としての扱いになるため、データの修正はできなくなります。

POINT ▶▶▶

Excelグラフの埋め込みとリンク

Excelグラフをスライドに貼り付けるには「埋め込み」と「リンク」の2つがあります。
「埋め込み」とは、作成元のデータと連携せずにデータを貼り付けることです。Excelグラフをスライドに埋め込むと、Excelでデータを修正してもスライドに埋め込まれたグラフは変更されません。
「リンク」とは、作成元のデータと連携している状態のことを指します。Excelグラフをリンクして貼り付けると、貼り付け元と貼り付け先のデータが連携されているので、もとのExcelグラフを変更すると、スライドに貼り付けられたグラフも変更されます。

●Excelグラフを埋め込んだスライド

 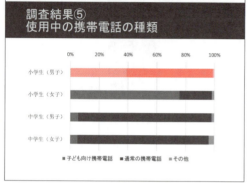

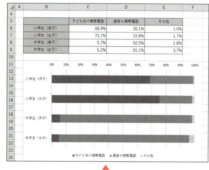

埋め込まれたグラフには反映されない

「小学生（男子）」のExcelのデータを修正

●Excelグラフをリンクしたスライド

 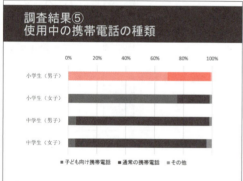

リンクされたグラフも更新される

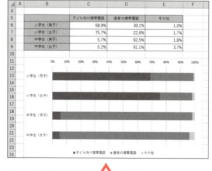

「小学生（男子）」のExcelのデータを修正

第5章 ほかのアプリケーションとの連携

4 Excelグラフのリンク

スライド8にExcelブック「**調査結果データ①**」のシート「**調査結果⑤**」のグラフを、貼り付け先のテーマを使用してリンクしましょう。

File OPEN フォルダー「第5章」のExcelブック「調査結果データ①」のシート「調査結果⑤」を開いておきましょう。

①Excelブック「**調査結果データ①**」に切り替えます。
※タスクバーの ❏ をクリックすると、ウィンドウが切り替わります。
②シート「**調査結果⑤**」のシート見出しをクリックします。
③グラフを選択します。
④《**ホーム**》タブを選択します。
⑤《**クリップボード**》グループの ❏ (コピー)をクリックします。
グラフがコピーされます。

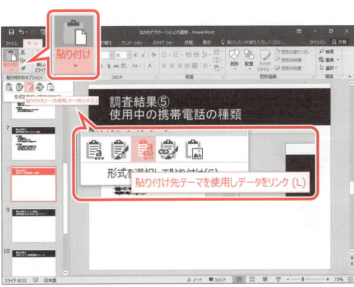

⑥作成中のプレゼンテーション「**ほかのアプリケーションとの連携**」に切り替えます。
※タスクバーの ❏ をクリックすると、ウィンドウが切り替わります。
⑦スライド8を選択します。
グラフを貼り付けます。
⑧《**ホーム**》タブを選択します。
⑨《**クリップボード**》グループの ❏ (貼り付け)の 貼り付け をクリックします。
⑩ ❏ (貼り付け先テーマを使用しデータをリンク)をクリックします。

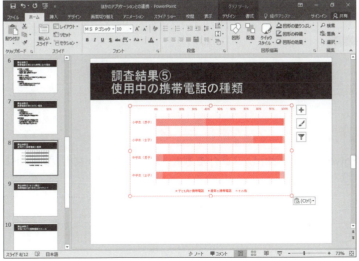

グラフが貼り付けられ、貼り付け先のテーマが適用されます。
※リボンに《**グラフツール**》の《**デザイン**》タブと《**書式**》タブが表示されます。

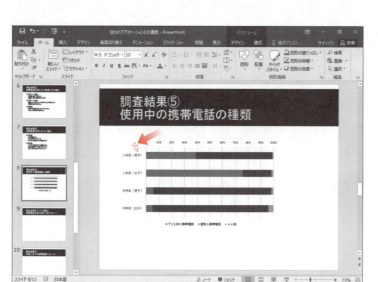

⑪図のように、グラフをドラッグして移動します。

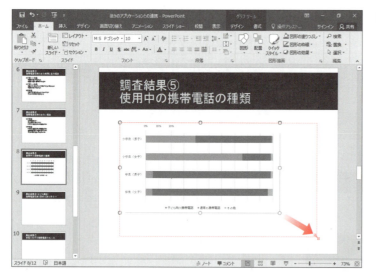

⑫図のように、グラフの○（ハンドル）をドラッグしてサイズを変更します。

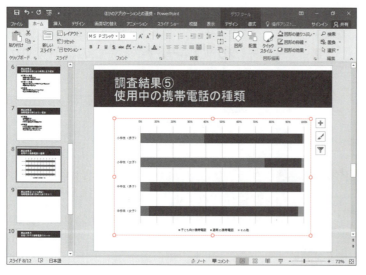

グラフのサイズが変更されます。

その他の方法（貼り付け先テーマを使用しデータをリンク）

◆ExcelグラフをコピーするPowerPointを表示し、スライドを選択→《ホーム》タブ→《クリップボード》グループの （貼り付け）

Let's Try ためしてみよう

次のようにスライドを編集しましょう。

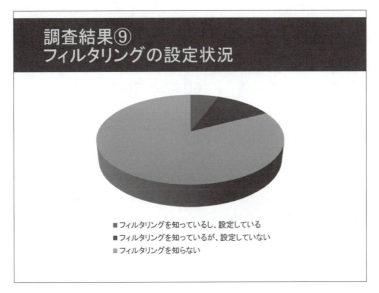

① スライド12にExcelブック「調査結果データ①」のシート「調査結果⑨」のグラフを、貼り付け先のテーマを使用し埋め込みましょう。
② スライド8とスライド12のグラフのフォントサイズを16ポイントに設定しましょう。
次に、完成図を参考に、スライド12のグラフの位置とサイズを調整しましょう。

Let's Try Answer

①
①Excelブック「調査結果データ①」に切り替え
②シート「調査結果⑨」のシート見出しをクリック
③グラフを選択
④《ホーム》タブを選択
⑤《クリップボード》グループの (コピー)をクリック
⑥作成中のプレゼンテーション「ほかのアプリケーションとの連携」に切り替え
⑦スライド12を選択
⑧《ホーム》タブを選択
⑨《クリップボード》グループの (貼り付け)の 貼り付け をクリック
⑩ (貼り付け先のテーマを使用しブックを埋め込む)をクリック

②
①スライド8を選択
②グラフを選択
③《ホーム》タブを選択
④《フォント》グループの 10 (フォントサイズ)の をクリックし、一覧から《16》を選択
⑤同様に、スライド12のグラフのフォントサイズを変更
⑥グラフをドラッグして移動
⑦グラフの〇(ハンドル)をドラッグしてサイズ変更

5 リンクの確認

Excelブック「調査結果データ①」のシート「調査結果⑤」のデータを修正して、スライド8にリンクされたグラフにその修正が反映されることを確認します。
次のようにExcelのデータを修正しましょう。

> 小学生（男子）の子ども向け携帯電話 ：38.9%→68.9%に修正
> 小学生（男子）の通常の携帯電話 ：60.1%→30.1%に修正

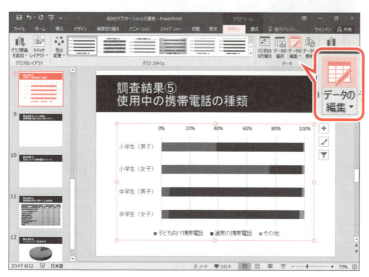

①スライド8を選択します。
②グラフを選択します。
③《グラフツール》の《デザイン》タブを選択します。
④《データ》グループの （データの編集）をクリックします。

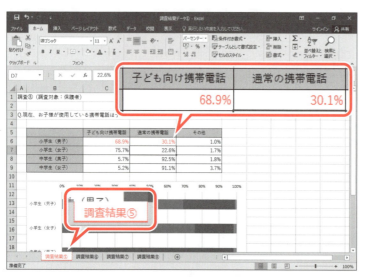

Excelブック「調査結果データ①」が表示されます。
⑤シート「調査結果⑤」のシート見出しをクリックします。
データを修正します。
⑥セル【C6】を「68.9%」に修正します。
⑦セル【D6】を「30.1%」に修正します。

⑧作成中のプレゼンテーション「ほかのアプリケーションとの連携」に切り替えます。
※タスクバーの をクリックすると、ウィンドウが切り替わります。
⑨スライド8のグラフに修正が反映されていることを確認します。

POINT ▶▶▶

リンクしたグラフのデータの修正

リンク元のExcelブックを開いていない状態で ![データの編集] (データの編集) をクリックすると、リボンが表示されない「スプレッドシート」と呼ばれるワークシートが表示されます。

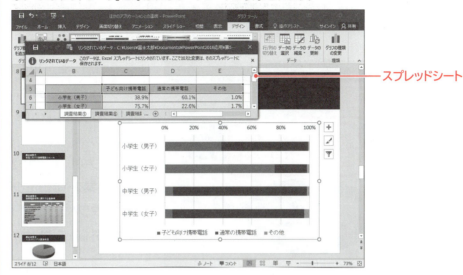

スプレッドシート

スプレッドシート上でもデータを修正できますが、表示形式を変更したり、表の書式を変更したりするなどExcelブックのリボンを使って修正を行いたい場合は、Excelブックを表示してデータを修正します。
Excelブックを表示してデータを編集する方法は、次のとおりです。

◆《グラフツール》の《デザイン》タブ→《データ》グループの ![データの編集] (データの編集) の ![データの編集▼] →《Excelでデータを編集》

POINT ▶▶▶

埋め込んだグラフのデータの修正

![貼り付け先] (貼り付け先のテーマを使用しブックを埋め込む) や ![元の書式] (元の書式を保持しブックを埋め込む) を使って、スライドに埋め込んだグラフを修正する方法は、次のとおりです。

◆グラフを選択→《グラフツール》の《デザイン》タブ→《データ》グループの ![データの編集] (データの編集)

※データの編集で表示されるExcelブックは、もとのExcelブックではありません。タイトルバーには《Microsoft PowerPoint内のグラフ》と表示されます。

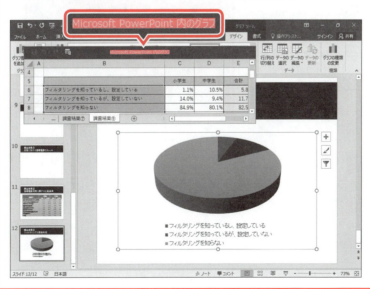

6 グラフの書式設定

Excelグラフを貼り付けると、それ以降はPowerPointでグラフのデザインや書式を設定できます。
スライド12のグラフにデータラベルを表示しましょう。

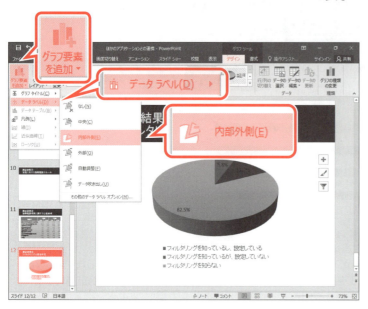

①スライド12を選択します。
②グラフを選択します。
③《グラフツール》の《デザイン》タブを選択します。
④《グラフのレイアウト》グループの （グラフ要素を追加）をクリックします。
⑤《データラベル》をポイントします。
⑥《内部外側》をクリックします。

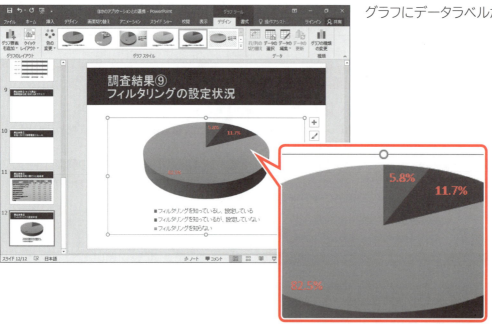

グラフにデータラベルが表示されます。

7 図として貼り付け

Excelグラフを図として貼り付けると、グラフの編集はできなくなりますが、PowerPointの図のスタイルを適用できるため、デザイン効果を高めることができます。

1 グラフを図として貼り付け

スライド9に、Excelブック**「調査結果データ①」**のシート**「調査結果⑥」**のグラフを図として貼り付けましょう。

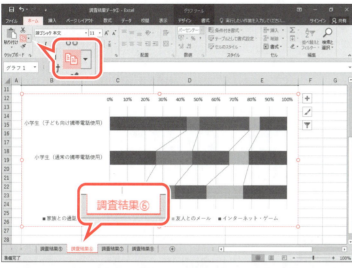

①Excelブック**「調査結果データ①」**に切り替えます。
※タスクバーの ![XL] をクリックすると、ウィンドウが切り替わります。

②シート**「調査結果⑥」**のシート見出しをクリックします。

③グラフを選択します。

④**《ホーム》**タブを選択します。

⑤**《クリップボード》**グループの ![コピー] （コピー）をクリックします。

グラフがコピーされます。

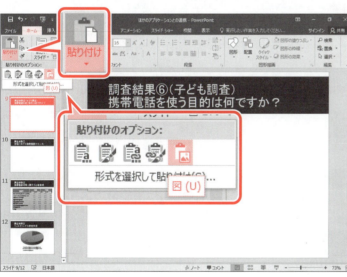

⑥作成中のプレゼンテーション**「ほかのアプリケーションとの連携」**に切り替えます。
※タスクバーの ![PP] をクリックすると、ウィンドウが切り替わります。

⑦スライド9を選択します。

グラフを貼り付けます。

⑧**《ホーム》**タブを選択します。

⑨**《クリップボード》**グループの ![貼り付け] （貼り付け）の ![貼り付け] をクリックします。

⑩ ![図] （図）をクリックします。

第5章 ほかのアプリケーションとの連携

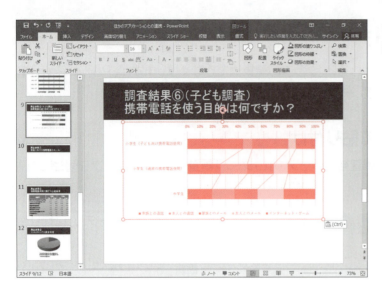

グラフが図として貼り付けられます。
※リボンに《図ツール》の《書式》タブが表示されます。

2 図のスタイルの適用

グラフに図のスタイル**「回転、白」**を適用しましょう。

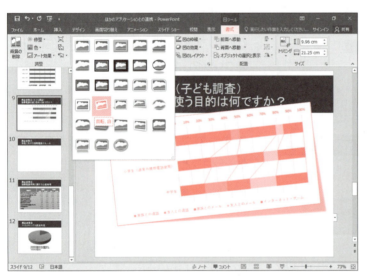

図のスタイルを適用します。
①グラフが選択されていることを確認します。
②《書式》タブを選択します。
③《図のスタイル》グループの ▼ (その他) をクリックします。
④《回転、白》をクリックします。

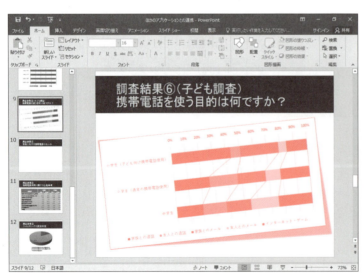

グラフに図のスタイルが適用されます。
※グラフの位置とサイズを調整しておきましょう。
※グラフ以外の場所をクリックし、選択を解除しておきましょう。

8 Excel表の貼り付け方法

Excel表をスライドに貼り付ける方法には、次のようなものがあります。

ボタン	ボタンの名前	説明
	貼り付け先のスタイルを使用	Excelで設定した書式を削除し、貼り付け先のプレゼンテーションのスタイルで貼り付けます。
	元の書式を保持	Excelで設定した書式のまま、スライドに貼り付けます。
	埋め込み	Excelのオブジェクトとしてスライドに貼り付けます。
	図	Excelで設定した書式のまま、図として貼り付けます。 ※図（画像）としての扱いになるため、データの修正はできなくなります。
	テキストのみ保持	Excelで設定した書式を削除し、文字だけを貼り付けます。

9 Excel表の貼り付け

スライド10にExcelブック「**調査結果データ①**」のシート「**調査結果⑦**」の表を、貼り付け先のスタイルを使用して貼り付けましょう。

①Excelブック「**調査結果データ①**」に切り替えます。
※タスクバーの ▣ をクリックすると、ウィンドウが切り替わります。

②シート「**調査結果⑦**」のシート見出しをクリックします。

③セル範囲【**B5:D13**】を選択します。

④《**ホーム**》タブを選択します。

⑤《**クリップボード**》グループの ▣ （コピー）をクリックします。

コピーされた範囲が点線で囲まれます。

⑥作成中のプレゼンテーション「**ほかのアプリケーションとの連携**」に切り替えます。
※タスクバーの ▣ をクリックすると、ウィンドウが切り替わります。

⑦スライド10を選択します。

表を貼り付けます。

⑧《**ホーム**》タブを選択します。

⑨《**クリップボード**》グループの ▣ （貼り付け）の 貼り付け をクリックします。

⑩ ▣ （貼り付け先のスタイルを使用）をクリックします。

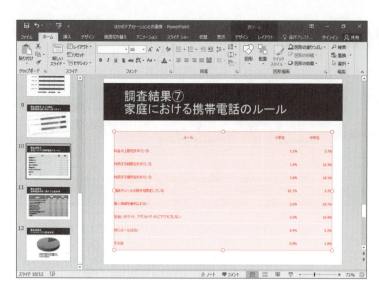

表が貼り付けられます。

※リボンに《表ツール》の《デザイン》タブと《レイアウト》タブが表示されます。
※表の位置とサイズを調整しておきましょう。
※Excelブック「調査結果データ①」を保存し、閉じておきましょう。

その他の方法（貼り付け先のスタイルを使用して貼り付け）

◆Excel表をコピー→PowerPointを表示し、スライドを選択→《ホーム》タブ→《クリップボード》グループの （貼り付け）

Excel表のリンク貼り付け

作成元のExcel表の変更がスライドに貼り付けた表にも反映されるように、リンク貼り付けすることができます。
Excelの表をリンク貼り付けする方法は、次のとおりです。

◆Excel表をコピー→PowerPointを表示し、スライドを選択→《ホーム》タブ→《クリップボード》グループの （貼り付け）の →《形式を選択して貼り付け》→《 ⦿ リンク貼り付け》→《Microsoft Excelワークシートオブジェクト》

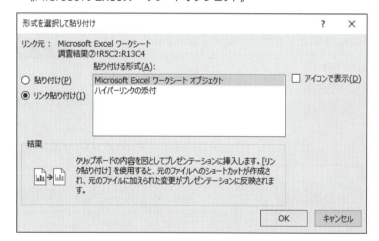

データを修正する場合は、スライドに貼り付けた表をダブルクリックし、Excelでデータを修正します。
作成元のExcel表のデータを変更すると、スライドに貼り付けられた表にも変更が反映されます。

10 表の書式設定

Excelで作成した表を貼り付けると、それ以降はPowerPointの表として扱うことができ、スタイルや書式を設定できます。

1 表全体の書式設定

貼り付けた表に次のような書式を設定しましょう。

```
フォントサイズ ：16ポイント
表のスタイル   ：テーマスタイル1-アクセント3
```

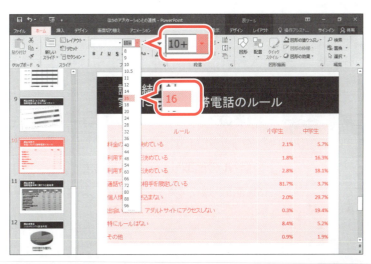

①スライド10を選択します。
②表を選択します。
③《ホーム》タブを選択します。
④《フォント》グループの 10+ （フォントサイズ）の をクリックし、一覧から《16》を選択します。

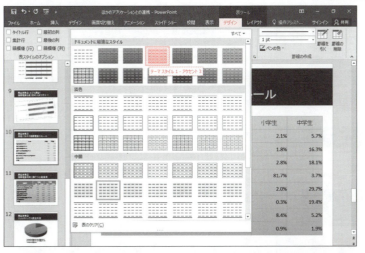

フォントサイズが変更されます。
⑤《表ツール》の《デザイン》タブを選択します。
⑥《表のスタイル》グループの （その他）をクリックします。
⑦《ドキュメントに最適なスタイル》の《テーマスタイル1-アクセント3》をクリックします。

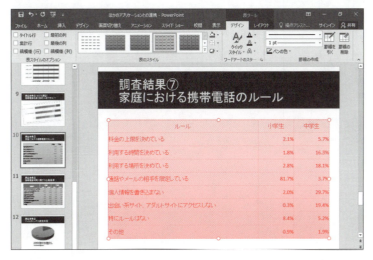

表にスタイルが適用されます。

2 表の1行目の書式設定

表の1行目を強調し、「**セルの面取り　丸**」の効果を設定しましょう。

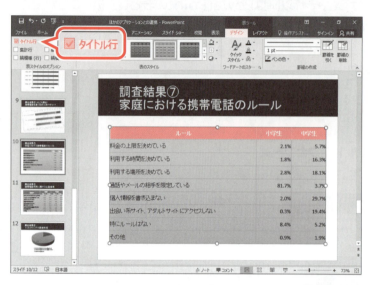

①表の1行目を選択します。
※表の1行目の左側にマウスポインターを移動し、➡に変わったらクリックします。
②《**表ツール**》の《**デザイン**》タブを選択します。
③《**表スタイルのオプション**》グループの《**タイトル行**》を☑にします。

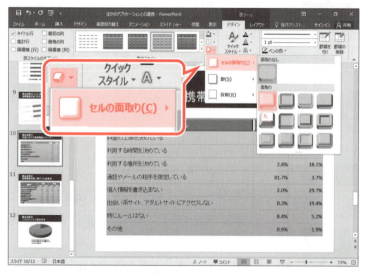

④《**表のスタイル**》グループの ▢▾ （効果）をクリックします。
⑤《**セルの面取り**》をポイントします。
⑥《**面取り**》の《**丸**》をクリックします。

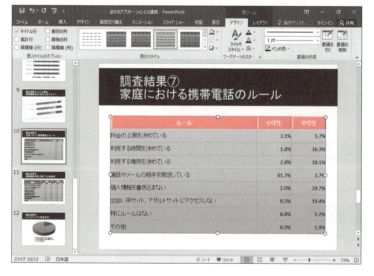

表の1行目に書式が設定されます。

Step4 ほかのPowerPointのデータを利用する

1 スライドの再利用

PowerPointで作成したほかのプレゼンテーションのスライドを、作成中のプレゼンテーションのスライドとして利用することができます。
スライド12の後ろに、フォルダー「**第5章**」のプレゼンテーション「**調査まとめ**」のスライドを挿入しましょう。

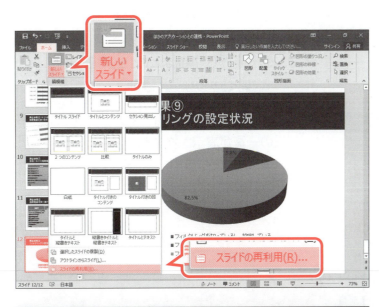

①スライド12を選択します。
②《**ホーム**》タブを選択します。
③《**スライド**》グループの （新しいスライド）の をクリックします。
④《**スライドの再利用**》をクリックします。

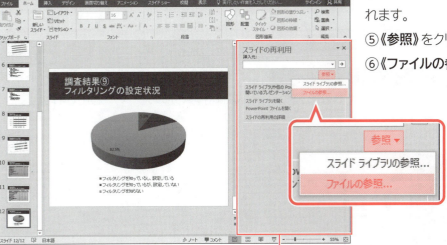

《**スライドの再利用**》作業ウィンドウが表示されます。
⑤《**参照**》をクリックします。
⑥《**ファイルの参照**》をクリックします。

《**スライドの再利用**》作業ウィンドウ

190

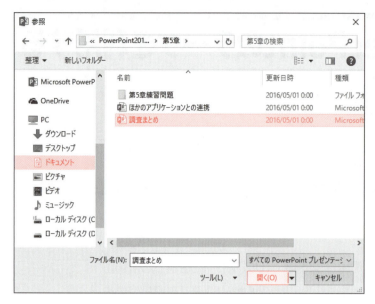

《参照》ダイアログボックスが表示されます。
再利用するプレゼンテーションが保存されている場所を選択します。

⑦《ドキュメント》が表示されていることを確認します。

※《ドキュメント》が表示されていない場合は、《PC》→《ドキュメント》をクリックします。

⑧一覧から「**PowerPoint2016応用**」を選択します。

⑨《**開く**》をクリックします。

⑩一覧から「**第5章**」を選択します。

⑪《**開く**》をクリックします。

⑫一覧から「**調査まとめ**」を選択します。

⑬《**開く**》をクリックします。

《スライドの再利用》作業ウィンドウにスライドの一覧が表示されます。
再利用するスライドを選択します。

⑭「**総括①**」のスライドをクリックします。

スライド12の後ろに「**総括①**」のスライドが挿入され、挿入先のテーマが適用されます。

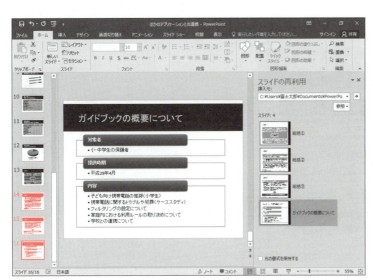

⑮同様に、「**総括②**」「**総括③**」「**ガイドブックの概要について**」のスライドを挿入します。

※《スライドの再利用》作業ウィンドウを閉じておきましょう。

> **! POINT ▶▶▶**
>
> ### 元の書式を保持してスライドを再利用する
>
>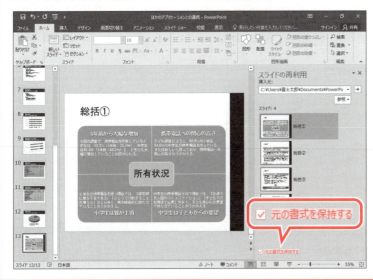
>
> スライドの再利用では、スライドを挿入すると挿入先のテーマが適用されます。元のスライドのテーマのまま挿入する場合は、《スライドの再利用》作業ウィンドウの《元の書式を保持する》を ☑ にします。

ためしてみよう

次のようにスライドを編集しましょう。
①挿入したスライド13からスライド16をリセットしましょう。
②スライド14のSmartArtグラフィックのサイズを調整しましょう。

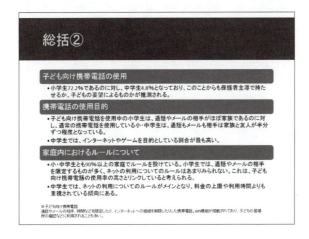

③スライド15のSmartArtグラフィックのサイズを調整しましょう。

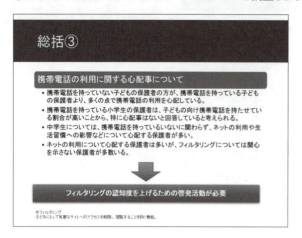

④スライド16のSmartArtグラフィックの位置とサイズを調整しましょう。

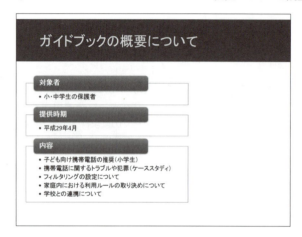

Let's Try Answer

①
①スライド13を選択
②[Shift]を押しながら、スライド16を選択
③《ホーム》タブを選択
④《スライド》グループの ![リセット] (リセット)をクリック

②
①スライド14を選択
②SmartArtグラフィックを選択
③SmartArtグラフィックの○(ハンドル)をドラッグしてサイズ変更

③
①スライド15を選択
②SmartArtグラフィックを選択
③SmartArtグラフィックの○(ハンドル)をドラッグしてサイズ変更

④
①スライド16を選択
②SmartArtグラフィックを選択
③SmartArtグラフィックの周囲の枠線をドラッグして移動
④SmartArtグラフィックの○(ハンドル)をドラッグしてサイズ変更

Step5 スクリーンショットを挿入する

1 作成するスライドの確認

次のようなスライドを作成しましょう。

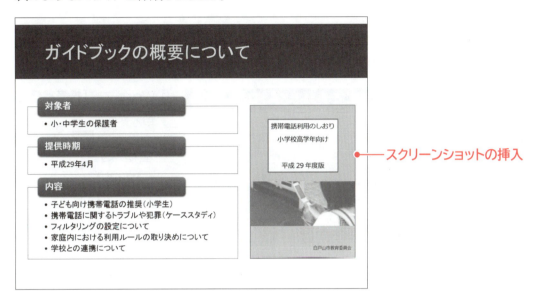

2 スクリーンショット

「**スクリーンショット**」を使うと、起動中のほかのアプリケーションのウィンドウや領域、インターネットやデスクトップの画面などを画像として貼り付けることができます。
Word文書「**携帯電話利用のしおり**」をスクリーンショットで画像として貼り付けましょう。

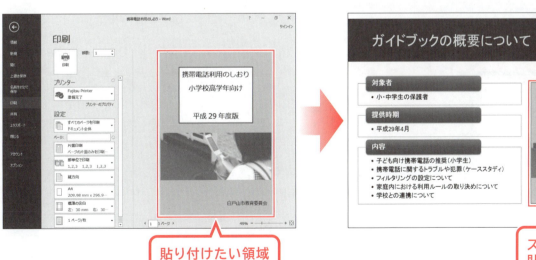

1 印刷イメージの表示

スクリーンショットで画像を貼り付ける場合は、貼り付けたい部分を画面に表示しておく必要があります。
ここでは、Word文書「**携帯電話利用のしおり**」の印刷イメージを画面に表示してからスクリーンショットをとります。
Word文書を開いて、印刷イメージを表示しましょう。

 フォルダー「第5章」のWord文書「携帯電話利用のしおり」を開いておきましょう。
※このWord文書は、資料のイメージとして使用するため、表紙のみの文書になっています。

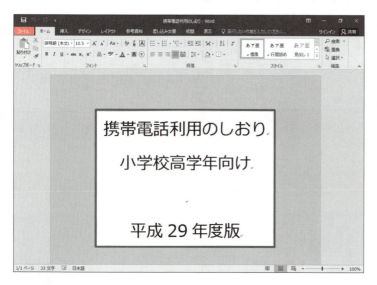

①Word文書「**携帯電話利用のしおり**」に切り替えます。
※タスクバーの ■ をクリックすると、ウィンドウが切り替わります。
②《ファイル》タブを選択します。

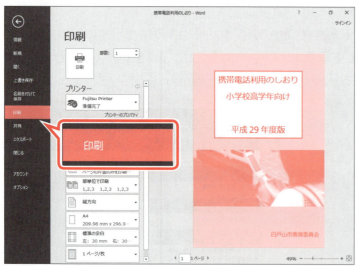

③《印刷》をクリックします。
④印刷イメージが表示され、ページ全体が表示されていることを確認します。

第5章 ほかのアプリケーションとの連携

2 スクリーンショットの挿入

スライド16にWord文書**「携帯電話利用のしおり」**のスクリーンショットを挿入し、枠線を設定しましょう。

①作成中のプレゼンテーション**「ほかのアプリケーションとの連携」**に切り替えます。
※タスクバーの ![] をクリックすると、ウィンドウが切り替わります。
②スライド16を選択します。
③《挿入》タブを選択します。
④《画像》グループの ![スクリーンショット] （スクリーンショットをとる）をクリックします。
⑤《画面の領域》をクリックします。

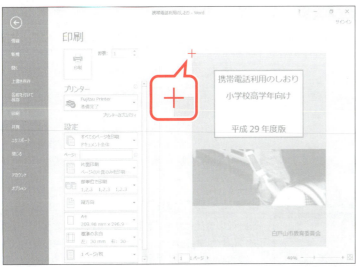

Word文書**「携帯電話利用のしおり」**が表示されます。
画面が白く表示され、マウスポインターの形が╋に変わります。

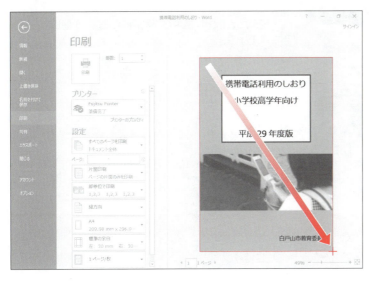

⑥図のようにドラッグします。

第5章 ほかのアプリケーションとの連携

作成中のプレゼンテーションが表示され、スライド16に画像が貼り付けられます。

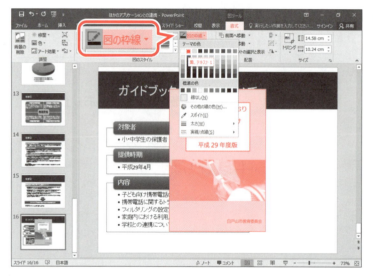

画像に枠線を設定します。
⑦画像が選択されていることを確認します。
⑧《書式》タブを選択します。
⑨《図のスタイル》グループの 図の枠線▼ （図の枠線）をクリックします。
⑩《テーマの色》の《黒、テキスト1》をクリックします。

画像に枠線が設定されます。
※画像の位置とサイズを調整しておきましょう。
※プレゼンテーションに「ほかのアプリケーションとの連携完成」と名前を付けて、フォルダー「第5章」に保存し、閉じておきましょう。
※Word文書「携帯電話利用のしおり」を閉じておきましょう。

 POINT ▶▶▶

スクリーンショットの挿入（ウィンドウ全体）

スクリーンショットでウィンドウ全体を画像として貼り付ける方法は、次のとおりです。

◆画像として貼り付けるウィンドウを画面上に表示→《挿入》タブ→《画像》グループの スクリーンショット▼ （スクリーンショットをとる）→《使用できるウィンドウ》の一覧からキャプチャしたいウィンドウを選択

※最小化（タスクバーに格納）した状態では、スクリーンショットでキャプチャできません。ウィンドウは最大化、または任意のサイズで表示しておく必要があります。

Exercise 練習問題

解答 ▶ 別冊P.10

File OPEN フォルダー「第5章練習問題」のプレゼンテーション「第5章練習問題」を開いておきましょう。

次のようなスライドを作成しましょう。

●完成図

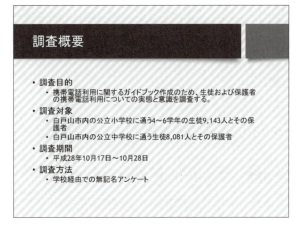

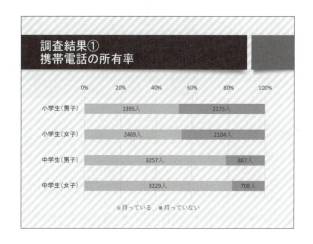

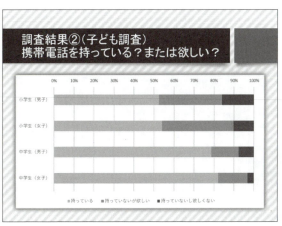

①スライド1の後ろに、フォルダー「**第5章練習問題**」のWord文書「**調査概要**」を挿入しましょう。
※Word文書「調査概要」には、あらかじめ見出し1から見出し3までのスタイルが設定されています。

②スライド2からスライド4をリセットし、スライド3とスライド4のレイアウトを「**タイトルのみ**」に変更しましょう。

③スライド3にフォルダー「**第5章練習問題**」のExcelブック「**調査結果データ②**」のシート「**調査結果①**」のグラフを、元の書式を保持したままリンクしましょう。
次に、完成図を参考に、グラフの位置とサイズを調整し、グラフ内の文字のフォントサイズを16ポイントに変更しましょう。

④スライド3のグラフにデータラベルを表示しましょう。表示位置は「**中央**」にします。

⑤スライド4にExcelブック「**調査結果データ②**」のシート「**調査結果②**」のグラフを、図として貼り付けましょう。
次に、貼り付けた図に、図のスタイル「**四角形、背景の影付き**」を適用し、完成図を参考に、グラフの位置とサイズを調整しましょう。

198

次のようにスライドを編集しましょう。

●完成図

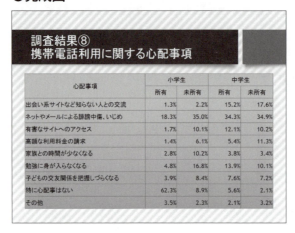

⑥スライド10にExcelブック「**調査結果データ②**」のシート「**調査結果⑧**」の表を、貼り付け先のスタイルを使用して貼り付けましょう。
次に、完成図を参考に、表の位置とサイズを調整し、次のような書式を設定しましょう。

> フォントサイズ：16ポイント
> 表のスタイル　：テーマスタイル1-アクセント1

次のようなスライドを作成しましょう。

●完成図

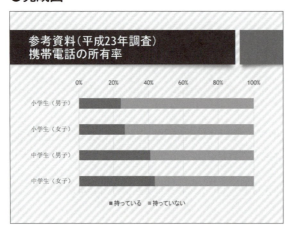

⑦スライド3の後ろに、フォルダー「**第5章練習問題**」のプレゼンテーション「**平成23年調査資料**」のスライド3を挿入しましょう。

⑧スライド4のタイトルを次のように修正しましょう。

> **参考資料（平成23年調査）**
> **携帯電話の所有率**

※プレゼンテーションに「第5章練習問題完成」と名前を付けて、フォルダー「第5章練習問題」に保存し、閉じておきましょう。

第6章 | Chapter 6

プレゼンテーションの校閲

Check	この章で学ぶこと	201
Step1	検索・置換する	202
Step2	コメントを設定する	206
Step3	プレゼンテーションを比較する	216
練習問題		228

Chapter 6

この章で学ぶこと

学習前に習得すべきポイントを理解しておき、
学習後には確実に習得できたかどうかを振り返りましょう。

1	プレゼンテーション内の単語を検索できる。	☑☑☑ →P.202
2	プレゼンテーション内の単語を置換できる。	☑☑☑ →P.203
3	プレゼンテーション内のコメントを表示したり、非表示にしたりできる。	☑☑☑ →P.208
4	コメントに表示されるユーザー情報を変更できる。	☑☑☑ →P.209
5	スライドにコメントを挿入できる。	☑☑☑ →P.210
6	コメントを編集できる。	☑☑☑ →P.212
7	コメントに返答できる。	☑☑☑ →P.213
8	コメントを削除できる。	☑☑☑ →P.214
9	校閲作業の流れを説明できる。	☑☑☑ →P.216
10	プレゼンテーションを比較できる。	☑☑☑ →P.217
11	プレゼンテーションを比較後、変更内容を反映できる。	☑☑☑ →P.222
12	校閲作業を終了して、反映結果を確定できる。	☑☑☑ →P.227

Step1 検索・置換する

1 検索

「**検索**」を使うと、プレゼンテーション内の単語を検索できます。特にスライドの枚数が多いプレゼンテーションの場合、特定の単語をもれなく探し出すのは手間がかかります。検索を使って効率よく正確に作業を進めるとよいでしょう。
プレゼンテーション内の「**フィルタリング**」という単語を検索しましょう。

File OPEN フォルダー「第6章」のプレゼンテーション「プレゼンテーションの校閲」を開いておきましょう。

プレゼンテーションの先頭から検索します。
①スライド1を選択します。
②《ホーム》タブを選択します。
③《編集》グループの（検索）をクリックします。

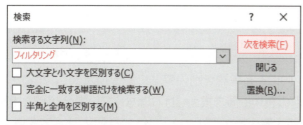

《検索》ダイアログボックスが表示されます。
④《検索する文字列》に「フィルタリング」と入力します。
⑤《次を検索》をクリックします。

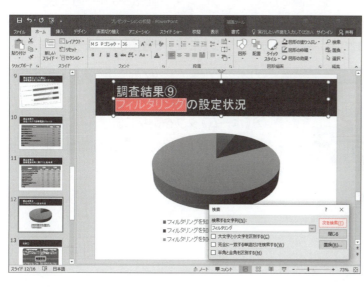

スライド12のタイトルに入力されている「**フィルタリング**」が選択されます。
※《検索》ダイアログボックスが重なって確認できない場合は、ダイアログボックスを移動しておきましょう。
⑥《次を検索》をクリックします。

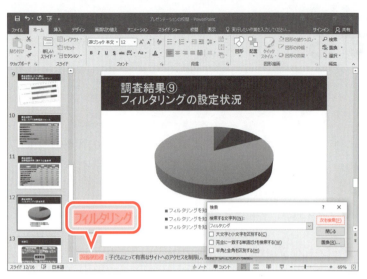

スライド12のノートに入力されている「**フィルタリング**」が選択されます。

⑦同様に、《**次を検索**》をクリックし、プレゼンテーション内の「**フィルタリング**」の単語をすべて検索します。

※5件検索されます。

図のようなメッセージが表示されます。

⑧《**OK**》をクリックします。

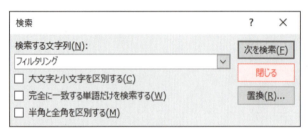

《**検索**》ダイアログボックスを閉じます。

⑨《**閉じる**》をクリックします。

> **その他の方法（検索）**
> ◆ Ctrl + F

2 置換

「**置換**」を使うと、プレゼンテーション内にある単語を別の単語に置き換えることができます。プレゼンテーション内のある表現を別の表現に置き換えなければならない場合などは、置換を使うと便利です。一度にすべての単語を置き換えたり、ひとつずつ確認しながら置き換えたりできます。また、設定されているフォントを別のフォントに置き換えることもできます。

プレゼンテーション内の「**児童**」という単語を、ひとつずつ「**生徒**」に置換しましょう。

プレゼンテーションの先頭から置換します。

①スライド1を選択します。

②《**ホーム**》タブを選択します。

③《**編集**》グループの （置換）をクリックします。

《置換》ダイアログボックスが表示されます。
④《検索する文字列》に「児童」と入力します。
※前回検索した文字が表示されます。
⑤《置換後の文字列》に「生徒」と入力します。
⑥《次を検索》をクリックします。

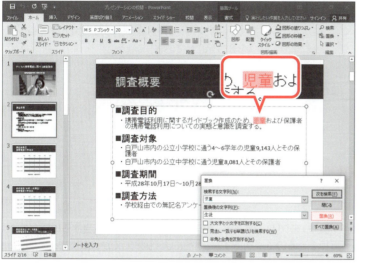

スライド2に入力されている「児童」が選択されます。
※《置換》ダイアログボックスが重なって確認できない場合は、ダイアログボックスを移動しておきましょう。
⑦《置換》をクリックします。

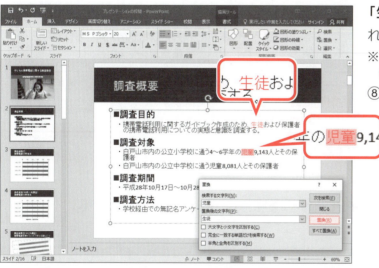

「生徒」に置換され、次の検索結果が表示されます。
※次の検索結果が表示されていない場合は、《次を検索》をクリックします。
⑧《置換》をクリックします。

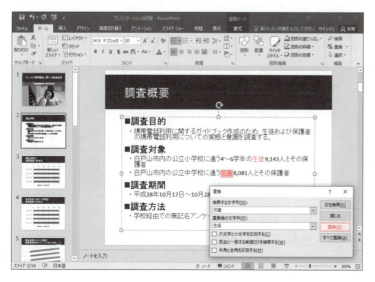

⑨同様に、プレゼンテーション内の「児童」を「生徒」に置換します。
※9個の文字列が置換されます。

図のようなメッセージが表示されます。

⑩《OK》をクリックします。

《置換》ダイアログボックスを閉じます。

⑪《閉じる》をクリックします。

※ステータスバーの ![ノート] をクリックし、ノートペインを非表示にしておきましょう。

その他の方法（置換）

◆ Ctrl + H

POINT ▶▶▶

すべて置換

《置換》ダイアログボックスの《すべて置換》をクリックすると、プレゼンテーション内の該当する単語がすべて置き換わります。一度の操作で置換できるので便利ですが、事前によく確認してから置換するようにしましょう。

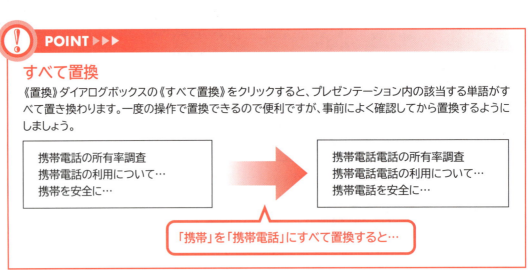

Let's Try ためしてみよう

プレゼンテーション内の「子供」を「子ども」にすべて置換しましょう。

Let's Try Answer

① スライド1を選択
②《ホーム》タブを選択
③《編集》グループの （置換）をクリック
④《検索する文字列》に「子供」と入力
⑤《置換後の文字列》に「子ども」と入力
⑥《すべて置換》をクリック
※3個の文字列が置換されます。
⑦《OK》をクリック
⑧《閉じる》をクリック

フォントの置換

プレゼンテーションで使用されているフォントを別のフォントに置換できます。

◆《ホーム》タブ→《編集》グループの [置換▼]（置換）の[▼]→《フォントの置換》

Step2 コメントを設定する

1 コメント

「**コメント**」とは、スライドに付けることのできるメモのようなものです。
自分がスライドを作成している最中に、あとで調べようと思ったことをコメントとしてメモしたり、ほかの人が作成したプレゼンテーションについて修正してほしいことや気になったことを書き込んだりするときに使うと便利です。
また、コメントに返答することもできます。書き込まれているコメントに対して意見を述べたり、再確認したいことを書き込んだりするなど、コメントに直接返答して意見をやり取りできます。

2 コメントの確認

プレゼンテーション「**プレゼンテーションの校閲**」にはコメントが挿入されています。
コメントが挿入されているスライドには ▢ が表示されます。
スライド1のコメントの内容を確認しましょう。

①スライド1を選択します。
② ▢ をクリックします。

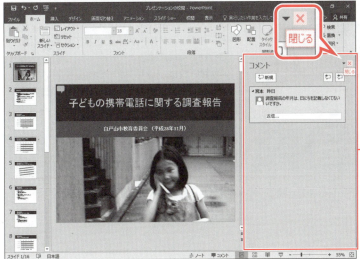

《**コメント**》作業ウィンドウが表示され、コメントの内容が表示されます。
③《**コメント**》作業ウィンドウの ✕ （閉じる）をクリックします。

──《コメント》作業ウィンドウ

206

《コメント》作業ウィンドウが閉じられ、コメントの内容が非表示になります。

その他の方法（コメントの確認）

◆スライドを選択→ステータスバーの 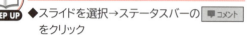 をクリック

POINT ▶▶▶

《コメント》作業ウィンドウ

《コメント》作業ウィンドウの各部の名称と役割は、次のとおりです。

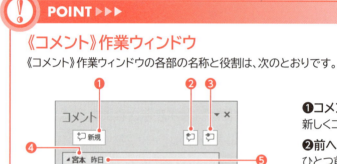

❶コメントの挿入
新しくコメントを挿入します。

❷前へ
ひとつ前のコメントに移動します。

❸次へ
ひとつ後ろのコメントに移動します。

❹ユーザー名
コメントを挿入したユーザー名が表示されます。

❺日付
コメントを挿入した日付が表示されます。

❻内容
コメントの内容が表示されます。

POINT ▶▶▶

メッセージの表示

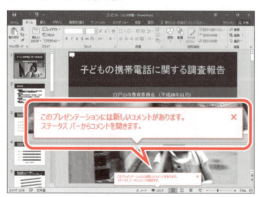

コメントが挿入されているプレゼンテーションを開くと、「このプレゼンテーションには新しいコメントがあります。」というメッセージが表示され、コメントが挿入されていることを知らせてくれます。
メッセージはプレゼンテーションを開いた直後に表示されますが、一定時間が経つと非表示になります。

3 コメントの表示・非表示

挿入されているコメントの💬を表示するかしないかを切り替えることができます。
プレゼンテーション内のコメントの💬の表示・非表示を切り替えましょう。

①スライド1を選択します。
②💬が表示されていることを確認します。
③《校閲》タブを選択します。
④《コメント》グループの（コメントの表示）の 表示 をクリックします。
⑤《コメントと注釈の表示》をクリックします。

スライドに表示されていた💬が非表示になります。

再度、💬を表示します。
⑥《コメント》グループの（コメントの表示）の 表示 をクリックします。
⑦《コメントと注釈の表示》をクリックします。

208

💬が表示されます。

4 コメントの挿入とユーザー設定

コメントを挿入すると、ユーザー名が記録されます。ほかの人のパソコンで作業を行う場合には、必要に応じてユーザー名を変更するとよいでしょう。
ユーザー名を「近藤」、頭文字を「K」に設定し、スライド12に「グラフにデータラベルを表示する。」というコメントを挿入しましょう。

1 ユーザー設定の変更

ユーザー名を「近藤」、頭文字を「K」に変更しましょう。

①《ファイル》タブを選択します。

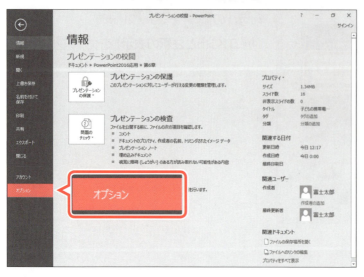

②《オプション》をクリックします。

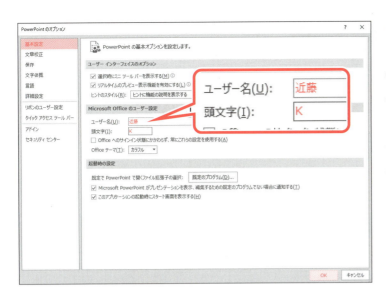

《PowerPointのオプション》ダイアログボックスが表示されます。

③左側の一覧から《基本設定》を選択します。

④《Microsoft Officeのユーザー設定》の《ユーザー名》を「近藤」に変更します。

⑤《頭文字》を「K」に変更します。

⑥《OK》をクリックします。

2 コメントの挿入

スライド12に「グラフにデータラベルを表示する。」というコメントを挿入しましょう。

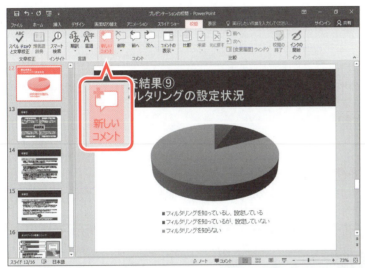

①スライド12を選択します。

②《校閲》タブを選択します。

③《コメント》グループの (コメントの挿入)をクリックします。

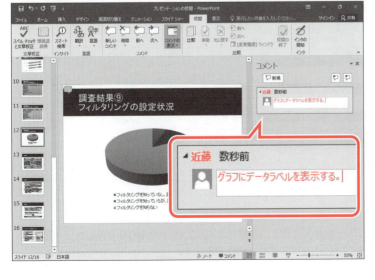

《コメント》作業ウィンドウが表示されます。

④コメントを入力する枠に「近藤」と表示されていることを確認します。

⑤「グラフにデータラベルを表示する。」と入力します。

⑥コメント以外の場所をクリックします。

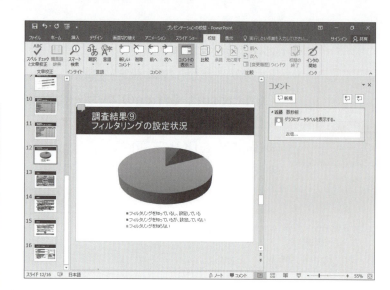

コメントが挿入されます。

その他の方法（コメントの挿入）

◆《挿入》タブ→《コメント》グループの（コメントの挿入）

POINT ▶▶▶

コメントの移動

コメントを挿入すると、スライドの左上にが挿入されます。
コメントの内容によっては、対象のオブジェクトやプレースホルダーの近くに表示されていた方がわかりやすい場合もあるので、必要に応じて移動するとよいでしょう。
コメントを移動する方法は、次のとおりです。

◆ をドラッグ

オブジェクトへのコメントの挿入

最初から対象となるオブジェクトやプレースホルダーの近くにコメントを挿入することができます。
オブジェクトやプレースホルダーに対してコメントを挿入する方法は、次のとおりです。

◆オブジェクトまたはプレースホルダーを選択→《校閲》タブ→《コメント》グループの （コメントの挿入）

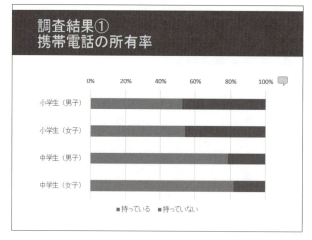

コメント間の移動

プレゼンテーション内に複数のコメントが挿入されている場合、次のコメントの内容を表示したり、前のコメントの内容を表示したりするなど、コメントだけを次々に確認できます。
コメント間を移動する方法は、次のとおりです。

◆《校閲》タブ→《コメント》グループの （前のコメント）または （次のコメント）

5 コメントの編集

コメントは挿入後も内容を編集できます。
スライド12に挿入したコメントの内容を「**円グラフにデータラベルを表示する。**」に修正しましょう。

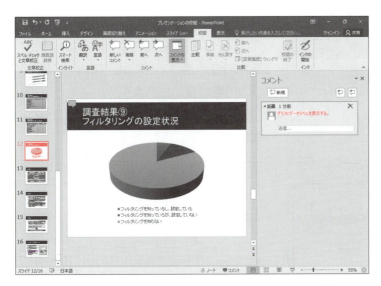

①スライド12を選択します。
②挿入したコメントの内容をクリックします。

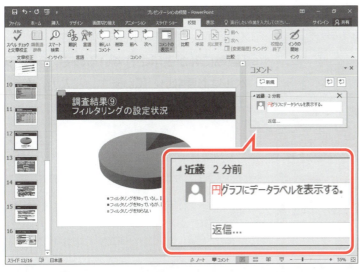

コメントが編集できる状態になります。
③コメントの先頭に「**円**」と入力します。

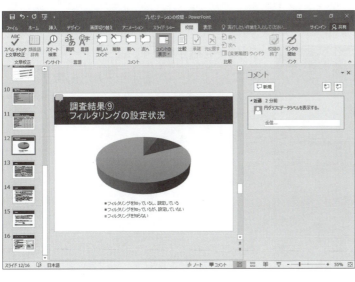

コメントを確定します。
④コメント以外の場所をクリックします。
コメントが確定されます。

6 コメントへの返答

挿入されているコメントに対して返答できます。コメントとそれに対する返答は、時系列で表示され、誰がいつ返答したのかひと目で確認できるようになっています。
スライド3に挿入されているコメントに対して、「**値軸に％が表示されているので、データラベルは必要ないと思います。**」と返答しましょう。

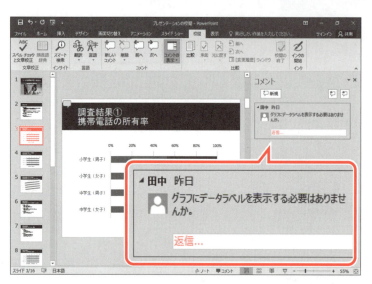

①スライド3を選択します。
《コメント》作業ウィンドウにスライド3のコメントの内容が表示されます。
②返答するコメントの《**返信**》をクリックします。

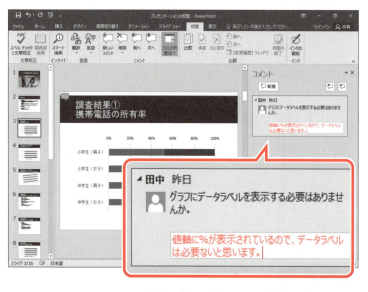

コメントが入力できる状態になります。
③「**値軸に％が表示されているので、データラベルは必要ないと思います。**」と入力します。

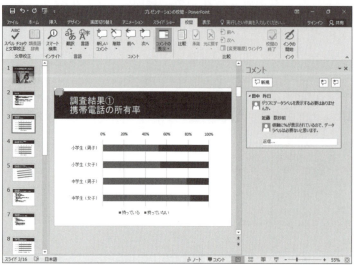

コメントを確定します。
④コメント以外の場所をクリックします。
コメントが確定されます。

7 コメントの削除

挿入されたコメントは削除できます。
スライド12のコメントを削除しましょう。

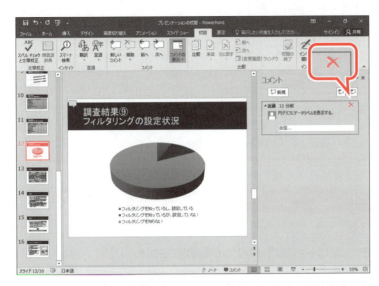

①スライド12を選択します。
②コメントの内容をポイントします。
③✘をクリックします。

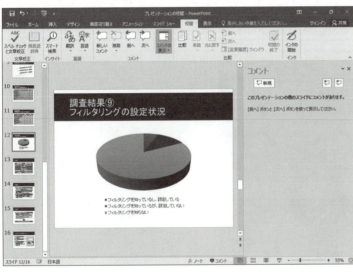

コメントが削除されます。

※《コメント》作業ウィンドウを閉じておきましょう。
※《Microsoft Officeのユーザー設定》を元の設定に戻しておきましょう。
※プレゼンテーションに「プレゼンテーションの校閲完成」と名前を付けて、フォルダー「第6章」に保存し、閉じておきましょう。

その他の方法（コメントの削除）

STEP UP ◆削除するコメントの 💬 を右クリック→《コメントの削除》

214

POINT ▶▶▶

複数のコメントを一度に削除する

複数のコメントを一度に削除できます。

選択しているスライドのコメントをすべて削除する

◆コメントの挿入されているスライドを選択→《校閲》タブ→《コメント》グループの （コメントの削除）の 削除 →《このスライドからすべてのコメントとインクを削除》

プレゼンテーション内のコメントをすべて削除する

◆《校閲》タブ→《コメント》グループの （コメントの削除）の 削除 →《このプレゼンテーションからすべてのコメントとインクを削除》

※プレゼンテーション内のどのスライドが選択されていてもかまいません。

POINT ▶▶▶

コメントの印刷

プレゼンテーションを印刷するときに、コメントを印刷するかどうかを設定できます。
コメントはスライドとは別に印刷されます。
コメントを印刷するかどうかを設定する方法は、次のとおりです。

◆《ファイル》タブ→《印刷》→《設定》の《フルページサイズのスライド》→《コメントおよびインク注釈を印刷する》

Step3 プレゼンテーションを比較する

1 校閲作業

プレゼンテーションを作成したあとは、何人かで校閲作業を行うとよいでしょう。「校閲」とは、誤字脱字や不適切な表現などがないかどうかを調べて、修正することです。複数の人で校閲すれば、その人数分の意見が出てきます。
「コメントで意見を書き込み、それをひとつひとつ修正していく」「実際にスライドを修正し、その結果をもとのプレゼンテーションに反映していく」など、校閲にはいろいろなやり方があります。

2 プレゼンテーションの比較

「比較」とは、校閲前のプレゼンテーションと校閲後のプレゼンテーションを比較することです。作成したプレゼンテーションを校閲してもらい、校閲後のプレゼンテーションと校閲前のプレゼンテーションを比較し、変更点を反映していきます。

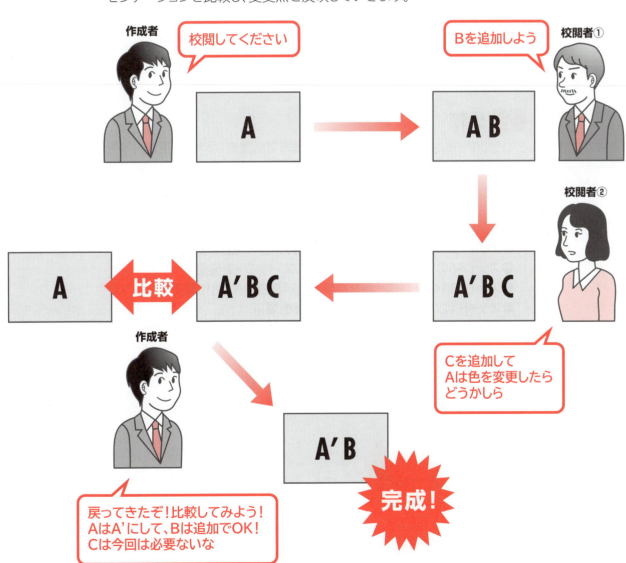

1 比較の流れ

校閲前のプレゼンテーションと校閲後のプレゼンテーションを比較する手順は、次のとおりです。

　プレゼンテーションの表示

校閲前のプレゼンテーションを表示します。

　プレゼンテーションの比較

校閲前と校閲後のプレゼンテーションを比較し、相違点を表示します。

　変更内容の反映

変更内容を確認し、校閲前のプレゼンテーションに反映します。

４　校閲の終了

変更内容の反映を確定します。

2 比較

プレゼンテーション「**携帯電話調査**」と「**携帯電話調査（小林_修正済）**」を比較し、変更内容を確認しましょう。
プレゼンテーション「**携帯電話調査**」と「**携帯電話調査（小林_修正済）**」の相違点は、次のとおりです。

- ●スライド2の箇条書きテキストに「調査方法」の項目を追加
- ●スライド6のSmartArtグラフィックのレイアウトを変更
- ●スライド11のタイトル「調査結果⑦」を「調査結果⑧」に変更
- ●スライド12の円グラフにデータラベルを表示

●プレゼンテーション「携帯電話調査」

●プレゼンテーション「携帯電話調査（小林_修正済）」

箇条書きテキストの項目の追加

●プレゼンテーション「携帯電話調査」

●プレゼンテーション「携帯電話調査（小林_修正済）」

SmartArtグラフィックのレイアウトの変更

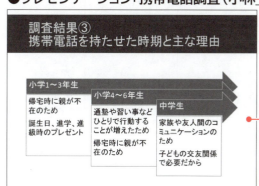

●プレゼンテーション「携帯電話調査」

調査結果⑦ 携帯電話利用に関する心配事項				
心配事項	小学生		中学生	
	所有	未所有	所有	未所有
出会い系サイトなど知らない人との交流	1.3%	2.2%	15.2%	17.6%
ネットやメールによる誹謗中傷、いじめ	18.3%	35.0%	34.3%	34.9%
有害なサイトへのアクセス	1.7%	10.1%	12.1%	10.2%
高額な利用料金の請求	1.4%	6.1%	5.4%	11.3%
家族との時間が少なくなる	2.8%	10.2%	3.8%	3.4%
勉強に身が入らなくなる	4.8%	16.8%	13.9%	10.1%
子どもの交友関係を把握しづらくなる	3.9%	8.4%	7.6%	7.2%
特に心配事はない	62.3%	8.9%	5.6%	2.1%
その他	3.5%	2.3%	2.1%	3.2%

― スライドのタイトルの変更

●プレゼンテーション「携帯電話調査（小林_修正済）」

調査結果⑧ 携帯電話利用に関する心配事項				
心配事項	小学生		中学生	
	所有	未所有	所有	未所有
出会い系サイトなど知らない人との交流	1.3%	2.2%	15.2%	17.6%
ネットやメールによる誹謗中傷、いじめ	18.3%	35.0%	34.3%	34.9%
有害なサイトへのアクセス	1.7%	10.1%	12.1%	10.2%
高額な利用料金の請求	1.4%	6.1%	5.4%	11.3%
家族との時間が少なくなる	2.8%	10.2%	3.8%	3.4%
勉強に身が入らなくなる	4.8%	16.8%	13.9%	10.1%
子どもの交友関係を把握しづらくなる	3.9%	8.4%	7.6%	7.2%
特に心配事はない	62.3%	8.9%	5.6%	2.1%
その他	3.5%	2.3%	2.1%	3.2%

スライド12

●プレゼンテーション「携帯電話調査」

調査結果⑨ フィルタリングの設定状況

― データラベルの表示

●プレゼンテーション「携帯電話調査（小林_修正済）」

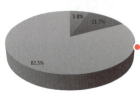

調査結果⑨ フィルタリングの設定状況（5.8%、11.7%、82.5%）

File OPEN フォルダー「第6章」のプレゼンテーション「携帯電話調査」を開いておきましょう。

①《校閲》タブを選択します。
②《比較》グループの (比較)をクリックします。

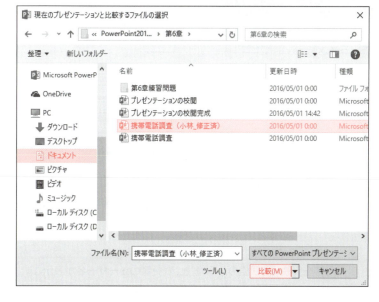

《現在のプレゼンテーションと比較するファイルの選択》ダイアログボックスが表示されます。
比較するプレゼンテーションが保存されている場所を選択します。
③《ドキュメント》が表示されていることを確認します。
※《ドキュメント》が表示されていない場合は、《PC》→《ドキュメント》をクリックします。
④一覧から「PowerPoint2016応用」を選択します。
⑤《開く》をクリックします。
⑥一覧から「第6章」を選択します。
⑦《開く》をクリックします。
比較するプレゼンテーションを選択します。
⑧一覧から「携帯電話調査(小林_修正済)」を選択します。
⑨《比較》をクリックします。

《変更履歴》ウィンドウが表示されます。

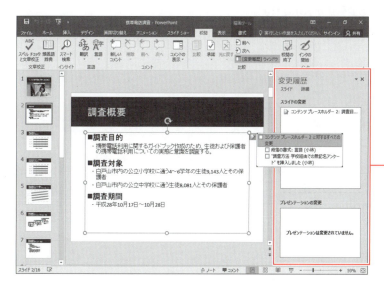

―《変更履歴》ウィンドウ

《変更履歴》ウィンドウの表示・非表示

《変更履歴》ウィンドウの表示・非表示を切り替える方法は、次のとおりです。

◆《校閲》タブ→《比較》グループの （[変更履歴]ウィンドウ）

POINT ▶▶▶

《変更履歴》ウィンドウ

《変更履歴》ウィンドウでは、どのスライドにどのような修正が行われたのかを確認できます。

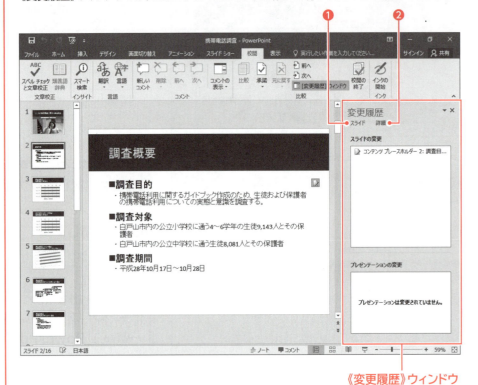

《変更履歴》ウィンドウ

❶スライド
変更があるスライドを選択すると、変更内容を反映した状態のスライドと、変更者のユーザー名が表示されます。

❷詳細
《スライドの変更》と《プレゼンテーションの変更》が表示されます。

●スライドの変更
変更があるスライドを選択すると、変更点が表示されます。

●プレゼンテーションの変更
プレゼンテーション全体に関する変更点が表示されます。

3 変更内容の反映

変更内容を確認し、反映します。変更内容を承諾する方法には、次の3つの方法があります。

- ●《変更履歴マーカー》を使う
- ●《変更履歴》ウィンドウを使う
- ●《校閲》タブを使う

また、反映には、「**承諾**」と「**元に戻す**」があります。一旦承諾してもあとから元に戻したり、逆に、元に戻したものを承諾したりするなど、反映する内容を変更することもできます。

1 《変更履歴マーカー》を使った承諾

(変更履歴マーカー)を使って、次の変更内容を承諾しましょう。

- ●スライド2の箇条書きテキストに「調査方法」の項目を追加

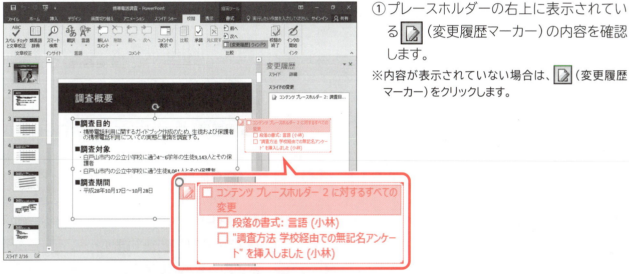

① プレースホルダーの右上に表示されている (変更履歴マーカー)の内容を確認します。

※内容が表示されていない場合は、 (変更履歴マーカー)をクリックします。

変更内容を承諾します。

② 《コンテンツプレースホルダー2に対するすべての変更》を ✓ にします。

※《段落の書式:言語(小林)》と《"調査方法 学校経由での無記名アンケート"を挿入しました(小林)》も ✓ になります。

箇条書きテキストの内容が変更されます。

※変更履歴マーカーの表示が に変わります。

2 《変更履歴》ウィンドウを使った承諾

《変更履歴》ウィンドウを使って、次の変更内容を承諾しましょう。

●スライド6のSmartArtグラフィックのレイアウトの変更

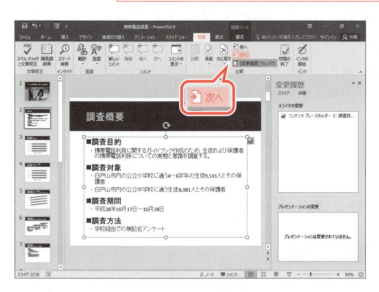

次の変更内容を表示します。
①《校閲》タブを選択します。
②《比較》グループの 次へ（次の変更箇所）をクリックします。

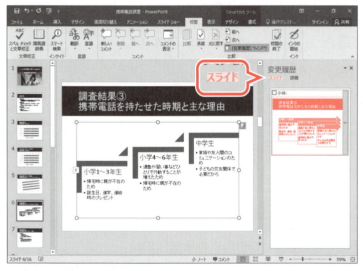

スライド6が表示され、《変更履歴》ウィンドウの内容がスライド6の変更内容に切り替わります。
《変更履歴》ウィンドウで変更内容を確認します。
③《変更履歴》ウィンドウの《スライド》をクリックします。
《スライド》に切り替わり、変更内容を反映したスライド6が表示されます。
変更内容を承諾します。
④《変更履歴》ウィンドウに表示されているスライド6をクリックします。

SmartArtグラフィックのレイアウトが変更されます。

3 《校閲》タブを使った承諾

《校閲》タブの [承諾] (変更の承諾) を使って、次の変更内容を承諾しましょう。

● スライド11のタイトル「調査結果⑦」を「調査結果⑧」に変更
● スライド12の円グラフにデータラベルを表示

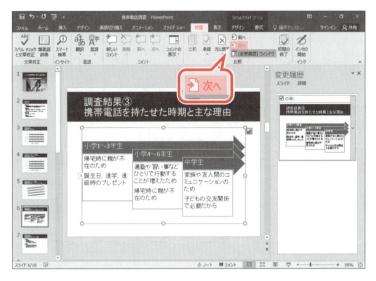

次の変更内容を表示します。
① 《校閲》タブを選択します。
② 《比較》グループの [次へ] (次の変更箇所) をクリックします。

スライド11が表示されます。
変更内容を承諾します。
③ 《比較》グループの [✓] (変更の承諾) をクリックします。

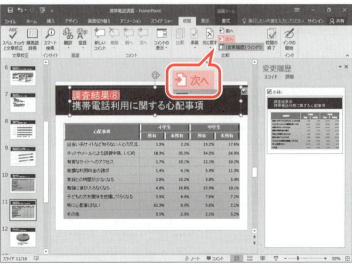

スライド11のタイトルが変更されます。
次の変更内容を表示します。
④ 《比較》グループの [次へ] (次の変更箇所) をクリックします。

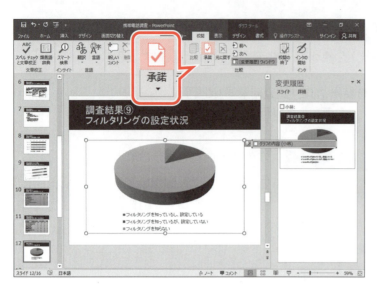

スライド12が表示されます。
変更内容を承諾します。

⑤《比較》グループの （変更の承諾）をクリックします。

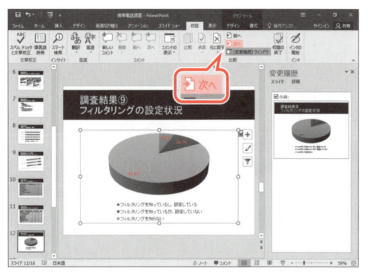

スライド12のグラフにデータラベルが表示されます。

⑥《比較》グループの 次へ（次の変更箇所）をクリックします。

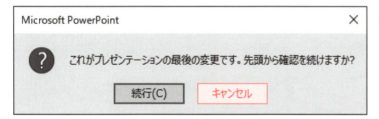

図のようなメッセージが表示されます。
⑦《キャンセル》をクリックします。

> **POINT ▶▶▶**
>
> **すべての変更の承諾**
> すべての変更内容を一度に承諾することもできます。
> 変更内容をまとめて承諾する方法は、次のとおりです。
> ◆《校閲》タブ→《比較》グループの（変更の承諾）の 承諾 →《プレゼンテーションのすべての変更を反映》

4 変更を元に戻す

一度承諾した内容でも校閲を終了するまでは、元に戻すことができます。
スライド6のSmartArtグラフィックのレイアウトの変更を元に戻しましょう。

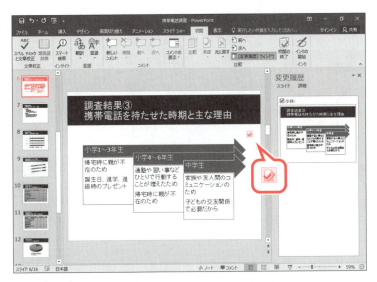

①スライド6を選択します。
②SmartArtグラフィックの右上に表示されている (変更履歴マーカー) をクリックします。

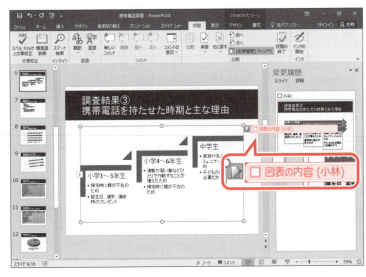

変更内容が表示されます。
③《図表の内容（小林）》を□にします。
SmartArtグラフィックのレイアウトが元に戻ります。

その他の方法（変更を元に戻す）
STEP UP ◆ (変更履歴マーカー) を選択→《校閲》タブ→《比較》グループの (変更を元に戻す)

POINT ▶▶▶

すべての変更を元に戻す

すべての変更内容を一度に元に戻すこともできます。
変更内容をまとめて元に戻す方法は、次のとおりです。

◆《校閲》タブ→《比較》グループの (変更を元に戻す) の →《プレゼンテーションのすべての変更を元に戻す》

226

4 校閲の終了

変更内容の反映が終了したら、校閲作業を終了して、反映結果を確定させます。校閲を終了すると、元に戻すことはできなくなります。
校閲を終了しましょう。

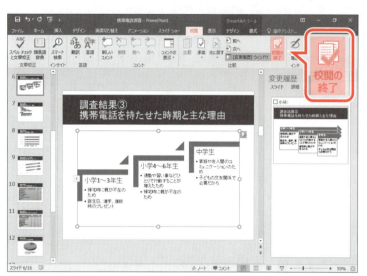

①《校閲》タブを選択します。
②《比較》グループの (校閲の終了)をクリックします。

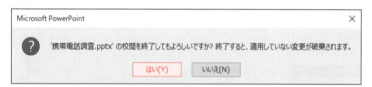

図のようなメッセージが表示されます。
③《はい》をクリックします。

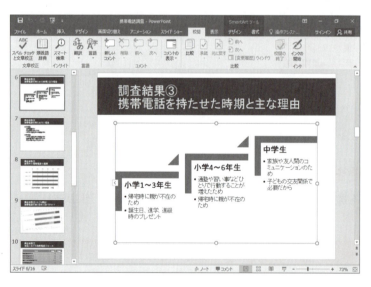

《変更履歴》ウィンドウが非表示になり、変更内容が確定されます。

※プレゼンテーションに「携帯電話調査完成」と名前を付けて、フォルダー「第6章」に保存し、閉じておきましょう。

Exercise 練習問題

解答 ▶ 別冊P.11

File OPEN フォルダー「第6章練習問題」のプレゼンテーション「第6章練習問題」を開いておきましょう。

次のようなプレゼンテーションを作成しましょう。

●完成図

1枚目

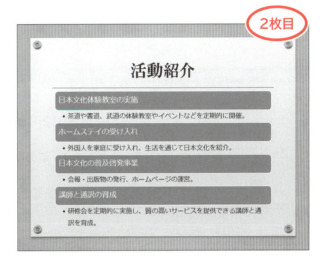
2枚目

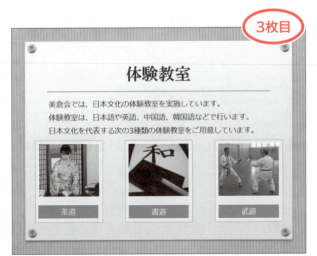
3枚目

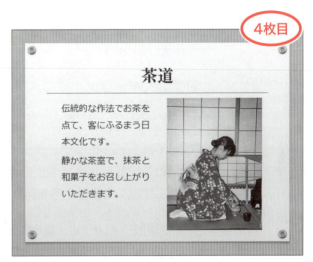
4枚目

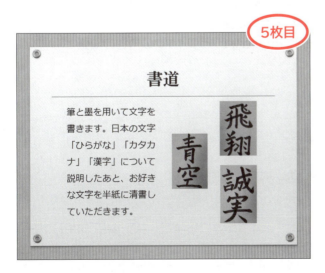
5枚目

6枚目

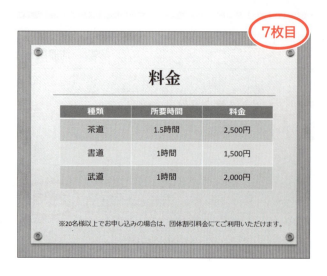

7枚目

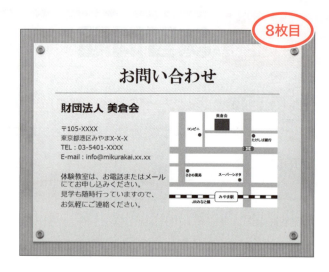

8枚目

① プレゼンテーション内の「**折り紙**」という単語を検索しましょう。

② プレゼンテーション内の「**茶の湯**」という単語を、すべて「**茶道**」に置換しましょう。

③ スライド8に挿入されているコメントに対して、「**新しい料金に変更済みです。**」と返答しましょう。

④ プレゼンテーション内のコメントの 💬 を非表示にしましょう。

⑤ コメントの 💬 を再度表示し、③で返答したコメントを「**改定後の料金に変更済みです。**」に編集しましょう。

⑥ プレゼンテーション内のコメントをすべて削除しましょう。

Hint　《校閲》タブ→《コメント》グループを使います。

⑦ 開いているプレゼンテーション「**第6章練習問題**」とプレゼンテーション「**第6章練習問題_比較**」を比較し、校閲を開始しましょう。
次に、すべての変更内容を確認しましょう。

⑧ 変更履歴ウィンドウに「**第6章練習問題_比較**」のスライドを表示し、次の変更内容を反映しましょう。

> スライド2の箇条書きをSmartArtグラフィックに変更
> スライド3のコンテンツプレースホルダーとSmartArtグラフィックの内容の変更
> スライド8の表の内容の変更
> スライド9の地図に書式を設定

⑨ スライド9の変更内容を元に戻しましょう。

⑩ スライド7を削除する変更内容を反映しましょう。

⑪ 校閲を終了しましょう。

※プレゼンテーションに「**第6章練習問題完成**」と名前を付けて、フォルダー「**第6章練習問題**」に保存し、閉じておきましょう。

Chapter 7
第7章

便利な機能

Check	この章で学ぶこと	231
Step1	テンプレートを利用する	232
Step2	プレゼンテーションのプロパティを設定する	243
Step3	プレゼンテーションの問題点をチェックする	246
Step4	プレゼンテーションを保護する	253
Step5	ファイル形式を指定して保存する	257
練習問題		262

Chapter 7

この章で学ぶこと

学習前に習得すべきポイントを理解しておき、
学習後には確実に習得できたかどうかを振り返りましょう。

1	テンプレートを利用してプレゼンテーションを作成できる。	→P.232
2	プレゼンテーションをテンプレートとして保存できる。	→P.241
3	プレゼンテーションのプロパティを設定できる。	→P.243
4	プロパティに含まれる個人情報や隠しデータ、コメントなどを必要に応じて削除できる。	→P.246
5	アクセシビリティチェックを実行できる。	→P.249
6	画像に代替テキストを設定できる。	→P.251
7	スライド内のオブジェクトの読み取り順を確認できる。	→P.252
8	パスワードを付けてプレゼンテーションを保護できる。	→P.253
9	プレゼンテーションを最終版として保存できる。	→P.256
10	プレゼンテーションパックを作成できる。	→P.257
11	プレゼンテーションをPDFファイルとして保存できる。	→P.260

Step1 テンプレートを利用する

1 テンプレート

「**テンプレート**」とは、スライドのデザインや配色、フォントの種類やサイズなどがあらかじめ設定されているプレゼンテーションのひな型のことです。

テンプレートを使うと、書式やレイアウトをひとつひとつ設定する手間が省けるので、効率よくプレゼンテーション全体を統一したデザインで作成できます。

テンプレートには、あらかじめPowerPointに用意されているテンプレートと、インターネット上に公開されている「**オンラインテンプレート**」があります。インターネット上には数多くのテンプレートが用意されているので、見栄えのするプレゼンテーションを簡単に作成できます。
また、よく利用するデザインを独自のテンプレートとして保存することもできます。

2 オンラインテンプレートの利用

オンラインテンプレートには、販売戦略や商品案内、パンフレットなどのビジネス用のテンプレートからフォトアルバムや賞状、CDラベルなど様々な場面で利用できるテンプレートが登録されています。オンラインテンプレートはインターネット上からダウンロードして利用できます。
自分が作成したい内容に合わせてテンプレートを選択するとよいでしょう。

●コンテンポラリフォトアルバム

●旅行用パンフレット

1 オンラインテンプレートを使ったプレゼンテーションの新規作成

オンラインテンプレート**「クラシックフォトアルバム」**を使って、プレゼンテーションを新規作成しましょう。

※インターネットに接続できる環境が必要です。
※PowerPointを起動しておきましょう。

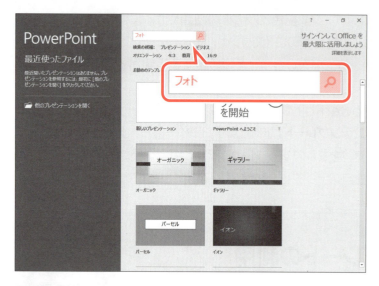

①PowerPointのスタート画面が表示されていることを確認します。
②検索ボックスに**「フォト」**と入力します。
③ 🔍 (検索の開始) をクリックします。

「フォト」に関するテンプレートの一覧が表示されます。
④**《クラシックフォトアルバム》**をクリックします。
※一覧に表示されていない場合は、スクロールして調整します。

⑤**《作成》**をクリックします。

テンプレートがダウンロードされ、テンプレートをもとにプレゼンテーションが新規作成されます。

※タイトルバーに「プレゼンテーション1」と表示されます。

POINT ▶▶▶

オンラインテンプレートを使ったプレゼンテーションの新規作成

PowerPointを起動した状態で、オンラインテンプレートを使って新しいプレゼンテーションを作成する方法は、次のとおりです。

◆《ファイル》タブ→《新規》→検索ボックスに入力→ 🔍 （検索の開始）

POINT ▶▶▶

既存のテンプレートの利用

PowerPointにはあらかじめいくつかのテンプレートが用意されています。
PowerPointのテンプレートを使って新しいプレゼンテーションを作成する方法は、次のとおりです。

◆PowerPointを起動→《お勧めのテンプレート》→一覧からテンプレートを選択→《作成》

2 プレゼンテーションの編集

オンラインテンプレート**「クラシックフォトアルバム」**をもとにして作成されたプレゼンテーションには、スライドが7枚あります。
必要に応じてスライドの枚数や順序を調整し、自分の作成したいプレゼンテーションになるように編集する必要があります。
ここでは、プレゼンテーションを編集し、次のような商品カタログを作成しましょう。

●完成図

1枚目

2枚目

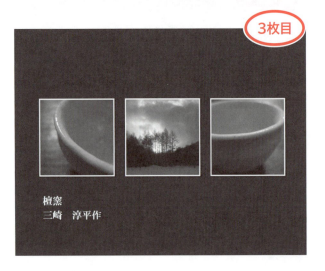
3枚目

4枚目

3 不要なスライドの削除

スライド5からスライド7を削除しましょう。

①スライド5を選択します。
②Shiftを押しながら、スライド7を選択します。
③Deleteを押します。

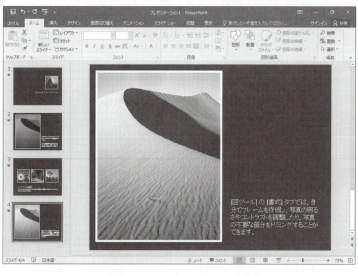

スライド5からスライド7が削除されます。

4 スライドの編集

スライド1を次のように編集しましょう。

画像「表紙写真＜冬＞」に変更
画像の回転

タイトルの入力
太字の適用

第7章 便利な機能

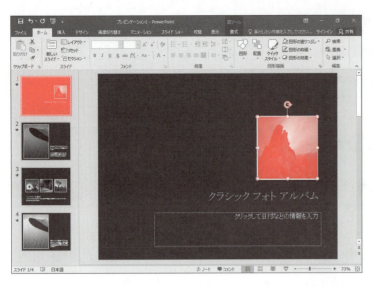

①スライド1を選択します。
画像を削除します。
②画像を選択します。
③ Delete を押します。

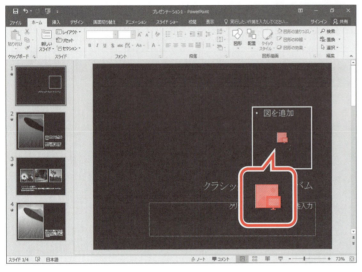

画像が削除されます。
画像を挿入します。
④ ![] をクリックします。

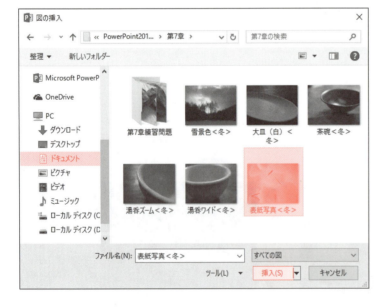

《図の挿入》ダイアログボックスが表示されます。
画像が保存されている場所を選択します。
⑤左側の一覧から《ドキュメント》を選択します。
※《ドキュメント》が表示されていない場合は、《PC》をダブルクリックします。
⑥右側の一覧から「PowerPoint2016応用」を選択します。
⑦《挿入》をクリックします。
⑧一覧から「第7章」を選択します。
⑨《挿入》をクリックします。
挿入する画像を選択します。
⑩一覧から「表紙写真<冬>」を選択します。
⑪《挿入》をクリックします。

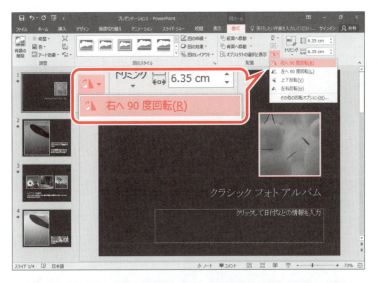

画像が挿入されます。
※リボンに《図ツール》の《書式》タブが表示されます。
画像を回転します。
⑫画像が選択されていることを確認します。
⑬《書式》タブを選択します。
⑭《配置》グループの (オブジェクトの回転)をクリックします。
⑮《右へ90度回転》をクリックします。

画像が回転します。
文字を編集します。
⑯タイトルのプレースホルダーに入力されている「クラシックフォトアルバム」を「アトリエ　ASUNARO」に修正します。
※英字は半角で入力します。
⑰サブタイトルのプレースホルダー内をクリックし、「2016 Winter New Works」と入力します。
※半角で入力します。

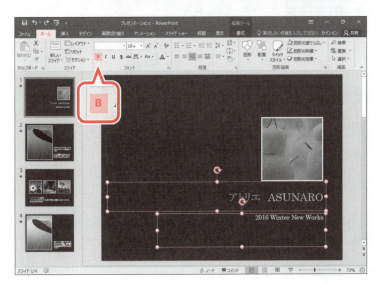

文字を太字にします。
⑱タイトルのプレースホルダーを選択します。
⑲ Shift を押しながら、サブタイトルのプレースホルダーを選択します。
⑳《ホーム》タブを選択します。
㉑《フォント》グループの B (太字)をクリックします。

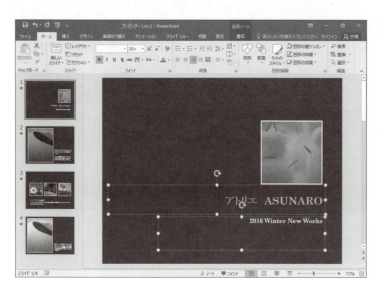

文字が太字になります。

第7章 便利な機能

 ためしてみよう

次のようにスライドを編集しましょう。

●スライド2

① 画像を削除し、フォルダー「第7章」の画像「茶碗<冬>」を挿入しましょう。
② プレースホルダーに次の文字を入力しましょう。

> 近松窯 [Enter]
> 戸田　春光作

③ 文字に次のような書式を設定しましょう。

> フォントサイズ：24ポイント
> 太字
> 文字の影

●スライド3

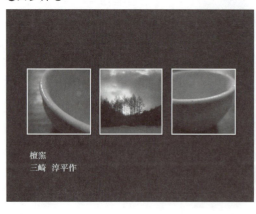

④ 画像を削除し、フォルダー「第7章」の次の画像を挿入しましょう。

> 左の画像　　：「湯呑ズーム<冬>」
> 中央の画像：「雪景色<冬>」
> 右の画像　　：「湯呑ワイド<冬>」

⑤ 上側のプレースホルダーを削除しましょう。次に、下側のプレースホルダーに次の文字を入力しましょう。

> 檀窯 [Enter]
> 三崎　淳平作

⑥ 文字に次のような書式を設定し、プレースホルダーの位置を調整しましょう。

> フォントサイズ：24ポイント
> 太字
> 文字の影

●スライド4

⑦画像を削除し、フォルダー「第7章」の画像「大皿（白）＜冬＞」を挿入しましょう。
⑧プレースホルダーに次の文字を入力しましょう。

> 龍神窯 Enter
> 小泉　市子作

⑨文字に次のような書式を設定しましょう。

> フォントサイズ：24ポイント
> 太字
> 文字の影

Let's Try Answer

①
①スライド2を選択
②画像を選択
③ Delete を押す
④ をクリック
⑤画像が保存されている場所を選択
※《ドキュメント》→「PowerPoint2016応用」→「第7章」を選択します。
⑥一覧から「茶碗＜冬＞」を選択
⑦《挿入》をクリック

②
省略

③
①プレースホルダーを選択
②《ホーム》タブを選択
③《フォント》グループの 18 （フォントサイズ）のをクリックし、一覧から《24》を選択
④《フォント》グループの B （太字）をクリック
⑤《フォント》グループの S （文字の影）をクリック

④
①スライド3を選択
②左の画像を選択
③ Delete を押す
④ をクリック
⑤画像が保存されている場所を選択
※《ドキュメント》→「PowerPoint2016応用」→「第7章」を選択します。
⑥一覧から「湯呑ズーム＜冬＞」を選択
⑦《挿入》をクリック
⑧同様に、「雪景色＜冬＞」と「湯呑ワイド＜冬＞」を挿入

⑤
①上側のプレースホルダーを削除
②下側のプレースホルダー内に入力されている文字を修正

⑥
①プレースホルダーを選択
②《ホーム》タブを選択
③《フォント》グループの 18 （フォントサイズ）のをクリックし、一覧から《24》を選択
④《フォント》グループの B （太字）をクリック
⑤《フォント》グループの S （文字の影）をクリック
⑥プレースホルダーの位置を調整

⑦
①スライド4を選択
②画像を選択
③ Delete を押す
④ をクリック
⑤画像が保存されている場所を選択
※《ドキュメント》→「PowerPoint2016応用」→「第7章」を選択します。
⑥一覧から「大皿（白）＜冬＞」を選択
⑦《挿入》をクリック

⑧
省略

⑨
①プレースホルダーを選択
②《ホーム》タブを選択
③《フォント》グループの 18 （フォントサイズ）のをクリックし、一覧から《24》を選択
④《フォント》グループの B （太字）をクリック
⑤《フォント》グループの S （文字の影）をクリック

5 フォントの変更

テンプレートをもとに作成したプレゼンテーションでも、テーマや背景のスタイルを変更してイメージを変えることができます。

テーマのフォントを「**Calibri-Cambria　HGゴシックM　HG明朝B**」に変更しましょう。

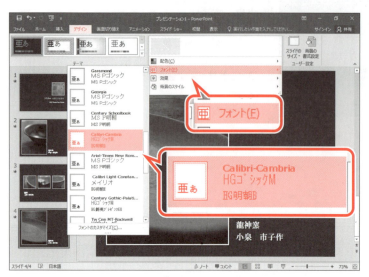

①《デザイン》タブを選択します。

②《バリエーション》グループの ▼ （その他）をクリックします。

③《フォント》をポイントします。

④《**Calibri-Cambria　HGゴシックM　HG明朝B**》をクリックします。

※一覧に表示されていない場合は、スクロールして調整します。

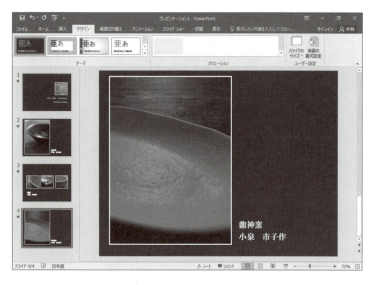

テーマのフォントが変更されます。

※プレゼンテーションに「新商品紹介＜冬＞」と名前を付けて、フォルダー「第7章」に保存しておきましょう。

3 テンプレートとして保存

作成したプレゼンテーションを今後も頻繁に使うことが考えられる場合、テンプレートとして保存しておくとよいでしょう。

頻繁に使うプレゼンテーションをテンプレートとして保存しておくと、必要な箇所を修正するだけでプレゼンテーションを作成できるので便利です。

プレゼンテーション「**新商品紹介＜冬＞**」をテンプレートとして保存しましょう。

①《ファイル》タブを選択します。

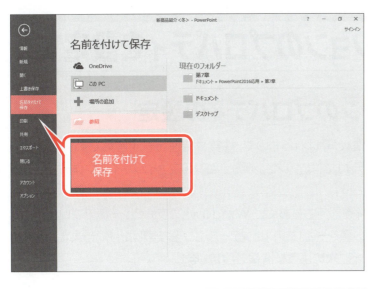

②《名前を付けて保存》をクリックします。
③《参照》をクリックします。

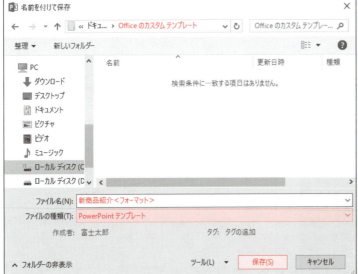

《名前を付けて保存》ダイアログボックスが表示されます。
④《ファイル名》に「**新商品紹介＜フォーマット＞**」と入力します。
⑤《ファイルの種類》の ▼ をクリックし、一覧から《**PowerPointテンプレート**》を選択します。
⑥保存先が《**Officeのカスタムテンプレート**》になっていることを確認します。
※《名前を付けて保存》ダイアログボックスのサイズによって、フォルダー名がすべて表示されていない場合があります。
⑦《**保存**》をクリックします。

タイトルバーに「**新商品紹介＜フォーマット＞**」と表示されます。
※テンプレートを閉じておきましょう。

テンプレートの利用

保存したテンプレートを使ってプレゼンテーションを作成する方法は、次のとおりです。
◆PowerPointを起動→《ユーザー設定》→《Officeのカスタムテンプレート》→保存したテンプレートを選択→《作成》

Step2 プレゼンテーションのプロパティを設定する

1 プレゼンテーションのプロパティの設定

「**プロパティ**」とは、一般に「**属性**」と呼ばれるもので、性質や特性を表す言葉です。
プレゼンテーションの「**プロパティ**」には、プレゼンテーションのファイルサイズや作成日時、最終更新日時などがあります。
プレゼンテーションにプロパティを設定しておくと、Windowsのファイル一覧でプロパティの内容を表示したり、プロパティの値をもとにプレゼンテーションを検索したりできます。
プレゼンテーションのプロパティに次のような情報を設定しましょう。

> タイトル　：新商品紹介
> 作成者　　：鈴木
> キーワード：2016冬

File OPEN　フォルダー「第7章」のプレゼンテーション「便利な機能-1」を開いておきましょう。

①《**ファイル**》タブを選択します。

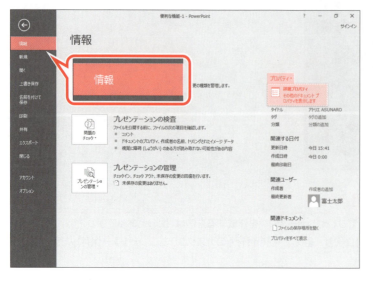

②《**情報**》をクリックします。
③《**プロパティ**》をクリックします。
④《**詳細プロパティ**》をクリックします。

第7章 便利な機能

243

《**便利な機能-1プロパティ**》ダイアログボックスが表示されます。

⑤《**ファイルの概要**》タブを選択します。

⑥《**タイトル**》に「**新商品紹介**」と入力します。

※タイトルには、タイトルスライドに入力されている文字が表示されています。

⑦《**作成者**》に「**鈴木**」と入力します。

⑧《**キーワード**》に「**2016冬**」と入力します。

⑨《**OK**》をクリックします。

プレゼンテーションのプロパティに情報が設定されます。

※ Esc を押して、《ファイル》タブの選択を解除しておきましょう。

ファイル一覧でのプロパティ表示

エクスプローラーのファイル一覧で、ファイルの表示方法が《詳細》のとき、ファイルのプロパティを確認できます。
ファイルの表示方法を変更する方法は、次のとおりです。
◆《表示》タブ→《レイアウト》グループの ▼ （詳細）→《詳細》

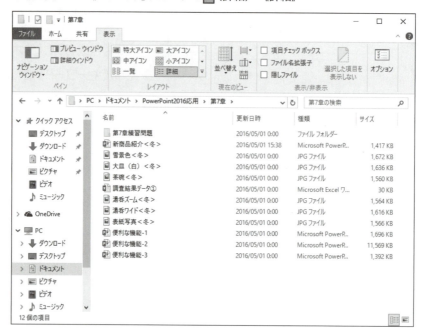

さらに、ファイル一覧に表示するプロパティの項目を設定することもできます。
プロパティの項目の表示・非表示を設定する方法は、次のとおりです。
◆列見出しを右クリック→《その他》→表示する項目を ☑ または非表示にする項目を ☐ にする

 プロパティを使ったファイルの検索

作成者やタイトルなどのプロパティを設定してファイルを保存しておくと、エクスプローラーのファイル一覧で、プロパティの情報をもとに検索できます。
プロパティをもとにファイルを検索する方法は、次のとおりです。
◆ファイル一覧の検索ボックスに検索する文字を入力

Step3 プレゼンテーションの問題点をチェックする

1 ドキュメント検査

「**ドキュメント検査**」を使うと、プレゼンテーションに個人情報や隠しデータ、コメントなどがないかどうかをチェックして、必要に応じてそれらを削除できます。作成したプレゼンテーションを社内で共有したり、顧客や取引先など社外の人に配布したりするような場合は、事前にドキュメント検査を行って、プレゼンテーションから個人情報やコメントなどを削除しておくと、情報の漏えいを防止できます。

1 ドキュメント検査の対象

ドキュメント検査の対象になる個人情報や隠しデータには、次のようなものがあります。

対象	説明
コメント	コメントには、それを入力したユーザー名や内容そのものが含まれています。
インク注釈	スライドに書き加えたペンや蛍光ペンを非表示にしている場合、非表示の部分に知られたくない情報が含まれている可能性があります。
プロパティ	プレゼンテーションのプロパティには、作成者の情報や作成日時などが含まれています。
スライド上の非表示のオブジェクト	プレースホルダーや画像、SmartArtグラフィックなどのオブジェクトを非表示にしている場合、非表示の部分に知られたくない情報が含まれている可能性があります。
ノート	ノートには、発表者の情報が含まれている可能性があります。

2 ドキュメント検査の実行

ドキュメント検査を行ってすべての項目を検査し、検査結果からプロパティ以外の情報を削除しましょう。

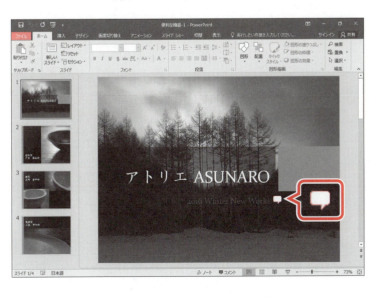

①スライド1にコメントが挿入されていることを確認します。
②《**ファイル**》タブを選択します。

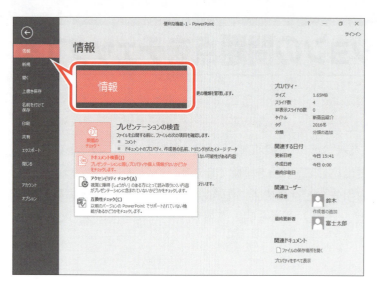

③《情報》をクリックします。

④《問題のチェック》をクリックします。

⑤《ドキュメント検査》をクリックします。

図のようなメッセージが表示されます。

※直前の操作で、プロパティの設定を行っています。その結果を保存していないため、このメッセージが表示されます。

プレゼンテーションを保存します。

⑥《はい》をクリックします。

《ドキュメント検査》ダイアログボックスが表示されます。

⑦すべての項目を☑にします。

⑧《検査》をクリックします。

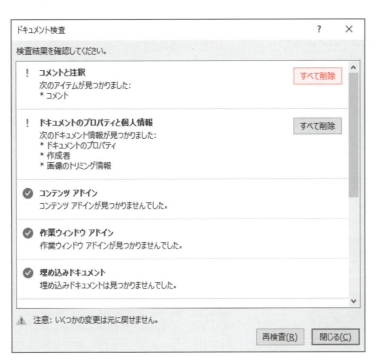

検査結果が表示されます。
個人情報や隠しデータが含まれている可能性のある項目には、**《すべて削除》**が表示されます。

⑨**《コメントと注釈》**の**《すべて削除》**をクリックします。

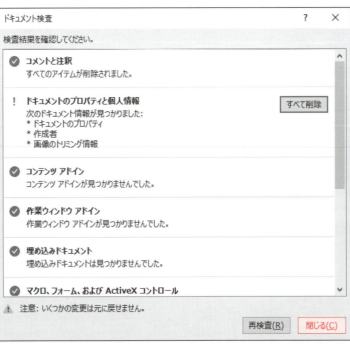

コメントが削除されます。
⑩**《閉じる》**をクリックします。

ドキュメント検査が終了します。
コメントが削除されているかどうかを確認します。

⑪スライド1を選択します。
⑫コメントが削除されていることを確認します。

※**《コメント》**作業ウィンドウが表示された場合は、閉じておきましょう。

2 アクセシビリティチェック

「アクセシビリティ」とは、すべての人が不自由なく情報を手に入れられるかどうか、使いこなせるかどうかを表す言葉です。
「アクセシビリティチェック」を使うと、視覚に障がいのある方などが音声読み上げソフトを利用するときに、判別しにくい情報が含まれていないかどうかをチェックできます。

1 アクセシビリティチェックの実行

プレゼンテーションのアクセシビリティをチェックしましょう。

①《ファイル》タブを選択します。

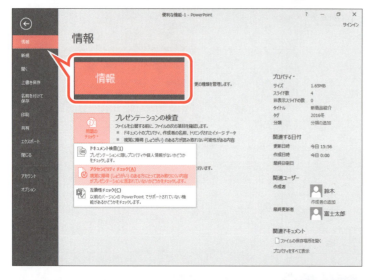

②《情報》をクリックします。
③《問題のチェック》をクリックします。
④《アクセシビリティチェック》をクリックします。

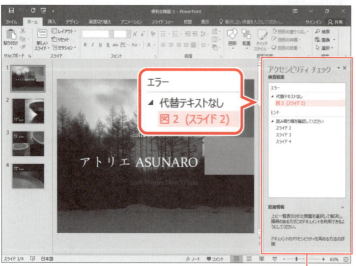

《アクセシビリティチェック》作業ウィンドウが表示され、《検査結果》に《エラー》と《ヒント》が表示されます。
アクセシビリティチェックの検査結果を確認します。
⑤《検査結果》の《エラー》の一覧から「図2（スライド2）」を選択します。

―《アクセシビリティチェック》作業ウィンドウ

スライド2が表示され、エラーとなった画像が表示されます。

⑥《追加情報》で《修正が必要な理由》と《修正方法》を確認します。

※画像に代替テキストが設定されていないため、エラーが表示されています。

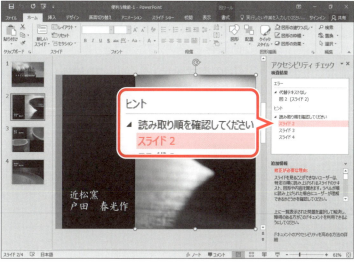

⑦《検査結果》の《ヒント》の一覧から「スライド2」を選択します。

⑧《追加情報》で《修正が必要な理由》と《修正方法》を確認します。

※一覧に表示されていない場合は、スクロールして調整します。

※スライド内容の読み上げ順序が明確でないため、確認するようにヒントとして表示されています。

アクセシビリティチェックの結果

アクセシビリティチェックの結果は、修正の必要性に応じて、次の3つに分類されます。

結果	説明
エラー	障がいがある方にとって、理解が難しい、または理解できないオブジェクトに表示されます。
警告	障がいがある方にとって、理解できない可能性が高いオブジェクトに表示されます。
ヒント	障がいがある方にとって、理解できるが改善した方がよいオブジェクトや、作成者の意図が伝わるかどうかを確認した方がよいオブジェクトに表示されます。

2 代替テキストの設定

音声読み上げソフトなどでプレゼンテーションの内容を読み上げる場合、表や図形、画像などがあると、正しく読み上げられず、作成者の意図したとおりに伝わらない可能性があります。そのために、表や図形、画像などには**「代替テキスト」**を設定しておきます。代替テキストは、表や図形、画像などの代わりに読み上げられる文字のことです。代替テキストを表や図形、画像などに設定しておくと、音声読み上げソフトなどを使った場合でも理解しやすいプレゼンテーションにすることができます。

アクセシビリティチェックでエラーとなった画像に、次のような代替テキストを設定しましょう。

> タイトル：茶碗の写真
> 説明　　：黒い茶碗

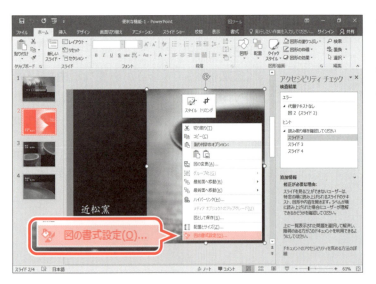

①スライド2が選択されていることを確認します。
②画像を右クリックします。
③**《図の書式設定》**をクリックします。

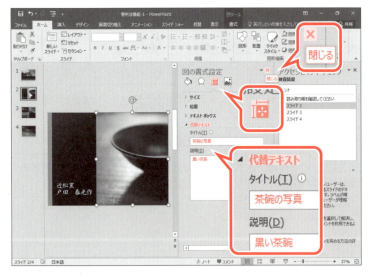

《図の書式設定》作業ウィンドウが表示されます。
④ (サイズとプロパティ)をクリックします。
⑤**《代替テキスト》**をクリックします。
⑥**《タイトル》**に「**茶碗の写真**」と入力します。
⑦**《説明》**に「**黒い茶碗**」と入力します。
⑧**《図の書式設定》**作業ウィンドウの×(閉じる)をクリックします。

《アクセシビリティチェック》作業ウィンドウの《検査結果》の一覧から《エラー》がなくなります。

※プレゼンテーション内のそのほかの画像にはあらかじめ代替テキストが設定されています。
※《アクセシビリティチェック》作業ウィンドウを閉じておきましょう。

3 読み取り順の確認

PowerPointでは、スライド内にタイトルやテキストボックス、画像、表などのオブジェクトを自由にレイアウトできます。

音声読み上げソフトなどで、プレゼンテーションの内容を読み上げる場合、複雑なレイアウトにしていたり、多くのオブジェクトをレイアウトしていたりすると、作成者の意図したとおりの順番で読み上げられない可能性があります。そのため、《アクセシビリティチェック》作業ウィンドウには、ヒントとして読み取り順を確認するように表示されます。

スライド3の読み取り順を確認しましょう。

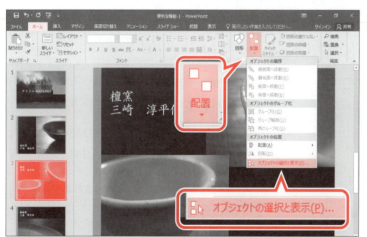

①スライド3を選択します。
②《ホーム》タブを選択します。
③《図形描画》グループの (配置)をクリックします。
④《オブジェクトの選択と表示》をクリックします。

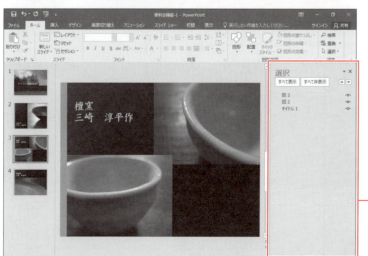

《選択》作業ウィンドウが表示されます。
表示されているオブジェクトの一覧の下から順番に読み上げられます。

※《選択》作業ウィンドウを閉じておきましょう。
※プレゼンテーションに「便利な機能-1完成」と名前を付けて、フォルダー「第7章」に保存し、閉じておきましょう。

　　　　　　　　　　　　　　——《選択》作業ウィンドウ

Step 4 プレゼンテーションを保護する

1 パスワードを使用して暗号化

セキュリティを高めるために、プレゼンテーションに「パスワード」を付けることができます。
パスワードを付けると、プレゼンテーションを開くときにパスワードの入力が求められます。
パスワードを知らないユーザーはプレゼンテーションを開くことができないため、機密性を保つことができます。

1 パスワードの設定

プレゼンテーションにパスワード「password」を設定しましょう。

File OPEN フォルダー「第7章」のプレゼンテーション「便利な機能-2」を開いておきましょう。

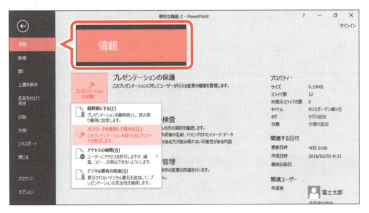

①《ファイル》タブを選択します。
②《情報》をクリックします。
③《プレゼンテーションの保護》をクリックします。
④《パスワードを使用して暗号化》をクリックします。

《ドキュメントの暗号化》ダイアログボックスが表示されます。
⑤《パスワード》に「password」と入力します。
※大文字と小文字が区別されます。注意して入力しましょう。
※入力したパスワードは「●」で表示されます。
⑥《OK》をクリックします。

《パスワードの確認》ダイアログボックスが表示されます。
⑦《パスワードの再入力》に再度「password」と入力します。
⑧《OK》をクリックします。

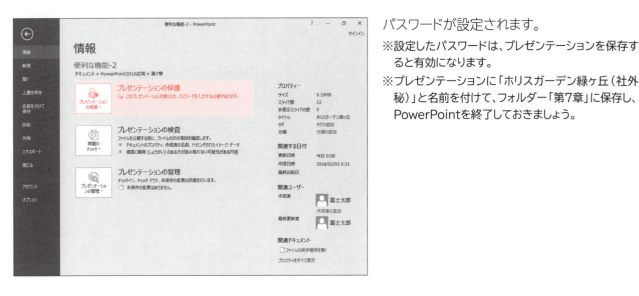

パスワードが設定されます。

※設定したパスワードは、プレゼンテーションを保存すると有効になります。
※プレゼンテーションに「ホリスガーデン緑ヶ丘（社外秘）」と名前を付けて、フォルダー「第7章」に保存し、PowerPointを終了しておきましょう。

パスワード

設定するパスワードは推測されにくいものにしましょう。次のようなパスワードは推測されやすいので、避けた方がよいでしょう。

- ●本人の誕生日
- ●従業員番号や会員番号
- ●すべて同じ数字
- ●意味のある英単語　　など

2　パスワードを設定したプレゼンテーションを開く

パスワードを入力しなければ、プレゼンテーション「ホリスガーデン緑ヶ丘（社外秘）」が開けないことを確認しましょう。

※PowerPointを起動しておきましょう。

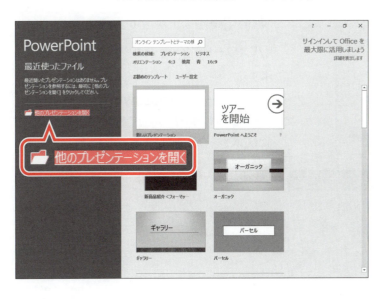

①PowerPointのスタート画面が表示されていることを確認します。
②《他のプレゼンテーションを開く》をクリックします。

プレゼンテーションが保存されている場所を選択します。

③《参照》をクリックします。

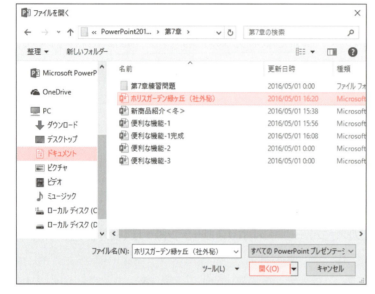

《ファイルを開く》ダイアログボックスが表示されます。

④《ドキュメント》が表示されていることを確認します。

※《ドキュメント》が表示されていない場合は、《PC》→《ドキュメント》をクリックします。

⑤一覧から「PowerPoint2016応用」を選択します。

⑥《開く》をクリックします。

⑦一覧から「第7章」を選択します。

⑧《開く》をクリックします。

⑨一覧から「ホリスガーデン緑ヶ丘（社外秘）」を選択します。

⑩《開く》をクリックします。

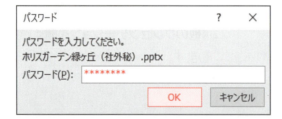

《パスワード》ダイアログボックスが表示されます。

⑪《パスワード》に「password」と入力します。

※入力したパスワードは「*」で表示されます。

⑫《OK》をクリックします。

プレゼンテーションが開かれます。

2 最終版にする

「最終版にする」を使うと、プレゼンテーションが読み取り専用になり、内容を変更できなくなります。

プレゼンテーションが完成してこれ以上変更を加えない場合は、そのプレゼンテーションを最終版にしておくと、不用意に内容を書き換えたり文字を削除したりすることを防止できます。
プレゼンテーションを最終版として保存しましょう。

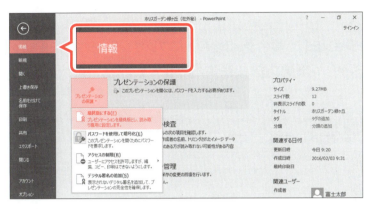

①《ファイル》タブを選択します。
②《情報》をクリックします。
③《プレゼンテーションの保護》をクリックします。
④《最終版にする》をクリックします。

図のようなメッセージが表示されます。
⑤《OK》をクリックします。

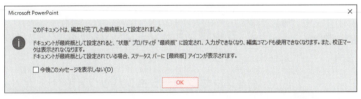

図のようなメッセージが表示されます。
⑥《OK》をクリックします。

プレゼンテーションが最終版として上書き保存されます。

※タイトルバーに《[読み取り専用]》と表示されます。また、メッセージバーが表示され、最終版を表すメッセージが表示されます。
※プレゼンテーションを閉じておきましょう。

 POINT ▶▶▶

最終版のプレゼンテーションの編集

最終版として保存したプレゼンテーションを編集できる状態に戻すには、メッセージバーの《編集する》をクリックします。

Step 5 ファイル形式を指定して保存する

1 プレゼンテーションパックの作成

「プレゼンテーションパック」とは、プレゼンテーションのファイルやそのファイルにリンクされているファイルなどをまとめて保存したものです。保存先として、フォルダーやCDを選択できます。

ほかのパソコンでプレゼンテーションを行う場合や、ほかの人にプレゼンテーションを配布する場合などにプレゼンテーションパックを使うと、必要なファイルをまとめてコピーできるので便利です。

次のような設定で、プレゼンテーションをプレゼンテーションパックとしてフォルダー「PowerPoint2016応用」に保存しましょう。

> フォルダー名：配布用
> リンクされたファイルを含める
> 埋め込まれたTrueTypeフォントを含める

File OPEN フォルダー「第7章」のプレゼンテーション「便利な機能-3」を開いておきましょう。
※プレゼンテーション「便利な機能-3」には、Excelブック「調査結果データ①」がリンクされています。

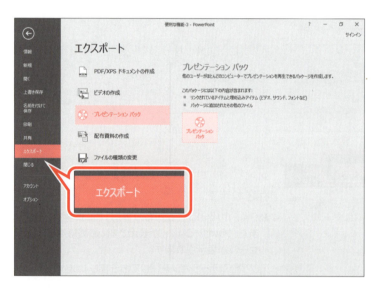

①《ファイル》タブを選択します。
②《エクスポート》をクリックします。
③《プレゼンテーションパック》をクリックします。
④《プレゼンテーションパック》をクリックします。

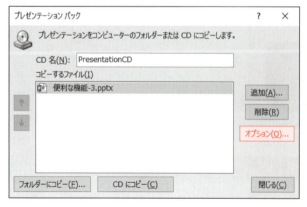

《プレゼンテーションパック》ダイアログボックスが表示されます。
⑤《オプション》をクリックします。

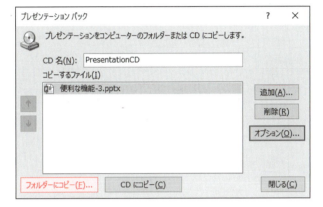

《オプション》ダイアログボックスが表示されます。
⑥《リンクされたファイル》を☑にします。
⑦《埋め込まれたTrueTypeフォント》を☑にします。
⑧《OK》をクリックします。

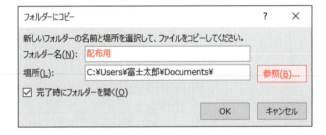

《プレゼンテーションパック》ダイアログボックスに戻ります。
⑨《フォルダーにコピー》をクリックします。

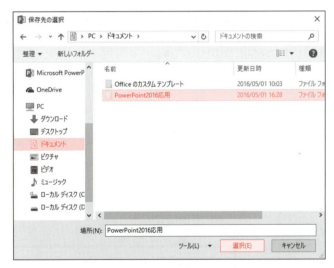

《フォルダーにコピー》ダイアログボックスが表示されます。
⑩《フォルダー名》に「配布用」と入力します。
⑪《場所》の《参照》をクリックします。

《保存先の選択》ダイアログボックスが表示されます。
プレゼンテーションパックを保存する場所を選択します。
⑫左側の一覧から《ドキュメント》を選択します。
※《ドキュメント》が表示されていない場合は、《PC》をダブルクリックします。
⑬右側の一覧から「PowerPoint2016応用」を選択します。
⑭《選択》をクリックします。

《フォルダーにコピー》ダイアログボックスに戻ります。
⑮《場所》に「C:¥Users¥ユーザー名¥Documents¥PowerPoint2016応用¥」と表示されることを確認します。
※「ユーザー名」には現在ログオンしているユーザー名が表示されます。
⑯《OK》をクリックします。

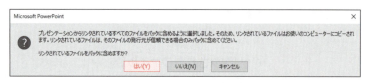

図のようなメッセージが表示されます。
⑰《はい》をクリックします。
※ファイルのコピーが開始されます。

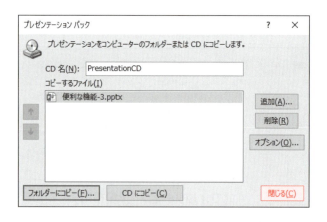

フォルダー**「配布用」**が作成され、自動的にウィンドウが表示されます。
⑱リンクされているファイル**「調査結果データ①」**が含まれていることを確認します。
⑲ （閉じる）をクリックします。

《プレゼンテーションパック》ダイアログボックスに戻ります。
⑳**《閉じる》**をクリックします。

PowerPoint Viewer

PowerPointがセットアップされていないパソコンでプレゼンテーションを行う場合は、「PowerPoint Viewer」を使います。
PowerPoint Viewerを使って、プレゼンテーションを行うためには、PowerPoint Viewerをダウンロードしてセットアップする必要があります。
PowerPoint Viewerをダウンロードする方法は、次のとおりです。
◆作成したフォルダー内のフォルダー「PresentationPackage」を開く→「Presentation Package.html」をダブルクリック→《ビューアーのダウンロード》→《ダウンロード》
※インターネットに接続できる環境が必要です。
※PowerPoint Viewerでは、スライドの編集などはできません。

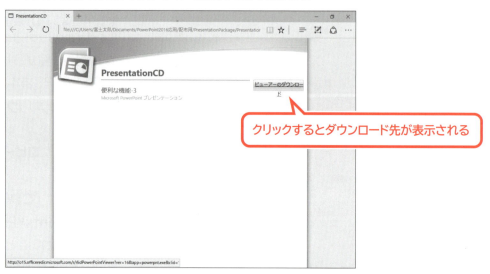

クリックするとダウンロード先が表示される

POINT ▶▶▶

《オプション》ダイアログボックス

《オプション》ダイアログボックスでは、次のような設定ができます。

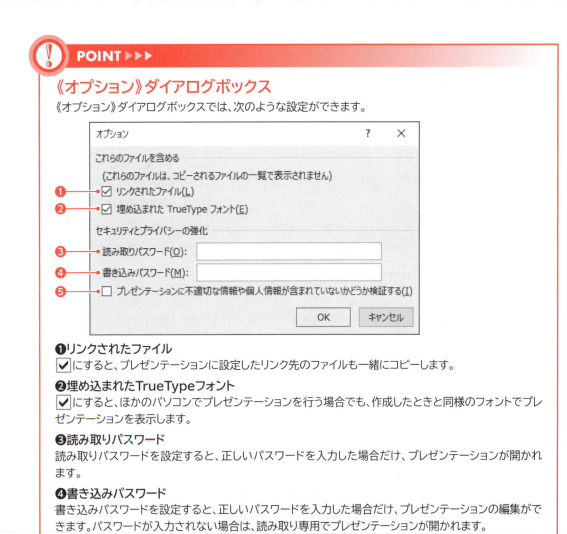

❶ リンクされたファイル
☑にすると、プレゼンテーションに設定したリンク先のファイルも一緒にコピーします。

❷ 埋め込まれたTrueTypeフォント
☑にすると、ほかのパソコンでプレゼンテーションを行う場合でも、作成したときと同様のフォントでプレゼンテーションを表示します。

❸ 読み取りパスワード
読み取りパスワードを設定すると、正しいパスワードを入力した場合だけ、プレゼンテーションが開かれます。

❹ 書き込みパスワード
書き込みパスワードを設定すると、正しいパスワードを入力した場合だけ、プレゼンテーションの編集ができます。パスワードが入力されない場合は、読み取り専用でプレゼンテーションが開かれます。

❺ プレゼンテーションに不適切な情報や個人情報が含まれていないかどうか検証する
プレゼンテーションパックに含めるプレゼンテーションにコメントや非表示のデータ、個人情報などが含まれていないかどうか検証します。

2 PDFファイルとして保存

「PDFファイル」とは、パソコンの機種や環境に関わらず、もとのアプリで作成したとおりに正確に表示できるファイル形式です。作成したアプリがなくても表示用のアプリがあればファイルを表示できるので、閲覧用によく利用されています。
PowerPointでは、保存時にファイル形式を指定するだけでPDFファイルを作成できます。
プレゼンテーションに「携帯電話調査（配布用）」と名前を付けて、PDFファイルとしてフォルダー「第7章」に保存しましょう。

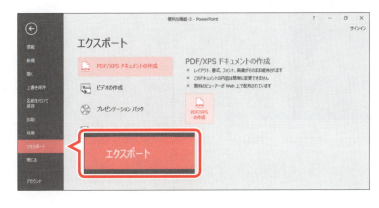

①《ファイル》タブを選択します。
②《エクスポート》をクリックします。
③《PDF/XPSドキュメントの作成》をクリックします。
④《PDF/XPSの作成》をクリックします。

260

《PDFまたはXPS形式で発行》ダイアログボックスが表示されます。
PDFファイルを保存する場所を選択します。
⑤フォルダー「**第7章**」が開かれていることを確認します。
※「第7章」が開かれていない場合は、《ドキュメント》→「PowerPoint2016応用」→「第7章」を選択します。
⑥《ファイル名》に「**携帯電話調査（配布用）**」と入力します。
⑦《ファイルの種類》が《PDF》になっていることを確認します。
⑧《発行後にファイルを開く》を☑にします。
⑨《発行》をクリックします。

PDFファイルが作成されます。
PDFファイルを表示するアプリが起動し、PDFファイルが開かれます。
※アプリを選択する画面が表示された場合は、《Microsoft Edge》を選択します。

PDFファイルを閉じます。
⑩ ✕ （閉じる）をクリックします。
※プレゼンテーション「便利な機能-3」を閉じておきましょう。

Exercise 練習問題

解答 ▶ 別冊P.13

File OPEN　PowerPointを起動しておきましょう。

次のようなプレゼンテーションを作成しましょう。

●完成図

1枚目

2枚目

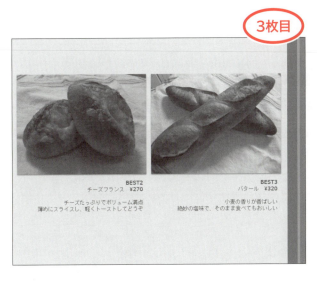
3枚目

① キーワード「**フォト**」で検索されるオンラインテンプレート「**コンテンポラリフォトアルバム**」を使って、プレゼンテーションを新規作成しましょう。
次に、スライド3からスライド6を削除しましょう。

② プレゼンテーションを次のようなデザインに変更しましょう。

テーマの配色 　　：	黄色がかったオレンジ
テーマのフォント：	Consolas-Verdana　HG丸ゴシックM-PRO　MS ゴシック

次のようにスライドを編集しましょう。

●完成図

③スライド1の画像を削除し、フォルダー「第7章練習問題」の画像「表紙写真＜パン＞」を挿入しましょう。

④タイトル「ブーランジェリー　Jean-Luc」と日付「2016.12」を入力しましょう。
　次に、タイトルの一部である「Jean-Luc」に次のような書式を設定しましょう。

> フォント　　　：Bradley Hand ITC
> フォントサイズ：60ポイント
> 太字

⑤テキストボックスを作成し、「今月の人気パン　BEST3」と入力しましょう。
　次に、テキストボックスに次のような書式を設定し、位置を調整しましょう。

> フォントサイズ：40ポイント
> フォントの色　：薄い黄、背景2
> 文字の影

次のようにスライドを編集しましょう。

●完成図

⑥スライド2の画像を削除し、フォルダー「**第7章練習問題**」の画像「**長時間熟成食パン**」を挿入しましょう。

⑦プレースホルダーを次のように修正しましょう。

BEST1 [Enter]
長時間熟成食パン　￥588 [Enter]
[Enter]
低温で24時間発酵させた山型食パン [Enter]
毎日食べても飽きない味

※英数字と記号は半角で入力します。

次のようにスライドを編集しましょう。

●完成図

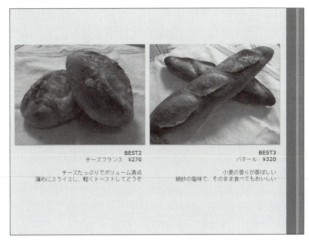

⑧スライド2の後ろに「**2枚の写真（横/キャプション付き）**」のスライドを挿入しましょう。
次に、フォルダー「**第7章練習問題**」の次の画像を挿入しましょう。

左の画像：「チーズフランス」
右の画像：「バタール」

⑨左のプレースホルダーに次のように入力しましょう。

BEST2 [Enter]
チーズフランス　￥270 [Enter]
[Enter]
チーズたっぷりでボリューム満点 [Enter]
薄めにスライスし、軽くトーストしてどうぞ

※英数字と記号は半角で入力します。

⑩ 右のプレースホルダーに次のように入力しましょう。

```
BEST3 [Enter]
バタール　¥320 [Enter]
[Enter]
小麦の香りが香ばしい [Enter]
絶妙の塩味で、そのまま食べてもおいしい
```

※英数字と記号は半角で入力します。

⑪ プレゼンテーションのプロパティに次のような情報を設定しましょう。

```
タイトル　　：人気パン紹介
作成者　　　：西田
キーワード：2016年12月
```

⑫ プレゼンテーションのアクセシビリティをチェックしましょう。

⑬ アクセシビリティチェックでエラーとなった画像の代替テキストを次のように設定しましょう。

●スライド1

```
タイトル：いろいろなパンの写真
説明　　：ジャンリュックで作っているパン
```

●スライド2

```
タイトル：食パンの写真
説明　　：大人気の食パン
```

●スライド3（左）

```
タイトル：チーズフランスの写真
説明　　：ボリューム満点のチーズ入りフランスパン
```

●スライド3（右）

```
タイトル：バタールの写真
説明　　：ちょっと太めのフランスパン
```

⑭ プレゼンテーションにパスワード「password」を設定しましょう。

⑮ プレゼンテーションに「12月の人気パンBEST3（配布用）」と名前を付けて、PDFファイルとしてフォルダー「第7章練習問題」に保存しましょう。PDFファイルを発行後、ファイルを開くように設定します。

⑯ プレゼンテーションに「人気パン紹介（フォーマット）」と名前を付けて、テンプレートして保存しましょう。

※テンプレートを閉じておきましょう。

Exercise

総合問題

総合問題1	267
総合問題2	270
総合問題3	274
総合問題4	277
総合問題5	280

Exercise 総合問題1

解答 ▶ 別冊P.16

フォルダー「総合問題1」のプレゼンテーション「総合問題1」を開いておきましょう。

次のようなプレゼンテーションを作成しましょう。

●完成図

1枚目

2016年度上期
販促キャンペーンの概要

FOM DRINK COMPANY
ビジネス推進部　加藤美代子

2枚目

3つの販促キャンペーンの展開

- ヨーロッパ・スペシャル・キャンペーン
- 新発売コーヒー店頭キャンペーン
- お茶を詠む・川柳キャンペーン

3枚目

ヨーロッパ・スペシャル・キャンペーン

- 目的
  - 「ヨーロッパ・カフェ・シリーズ」の売上アップ
- 概要
  - 商品に応募用シールを貼付、10枚1口で応募してもらう
  - 抽選でヨーロッパ周遊旅行をプレゼント
  - 第1弾から第3弾まで、商品ラインナップと同じ3都市を用意
- 対象商品
  - 「PARIS　パリのカフェオレ」
  - 「MILANO　ミラノのカプチーノ」
  - 「LONDON　ロンドンの紅茶」

4枚目

新発売コーヒー店頭キャンペーン

- 目的
  - 新商品「きりっと目覚まし」「ほっとひと息」の知名度アップ
- 概要
  - 購入者全員にもれなくオリジナル・ストラップをプレゼント
  - 商品イメージに合わせてブルーとピンクの2種類のストラップを用意
  - ストラップは商品にあらかじめ添付して出荷
- 対象商品
  - 「きりっと目覚まし　朝のコーヒー」
  - 「ほっとひと息　昼のコーヒー」

5枚目

お茶を詠む・川柳キャンペーン

- 目的
  - お茶飲料全般の知名度アップを狙ったメディア戦略
- 概要
  - 「お茶」にまつわる事件や思い出を、川柳にして応募してもらう
  - 応募作品は、その後の雑誌、広告など販促活動で利用する

6枚目

実施スケジュール

月	ヨーロッパ・スペシャル	新発売コーヒー店頭	お茶を詠む・川柳
4月	キャンペーン告知 第1弾 応募受付		
5月	第1弾 抽選・発表		
6月	第2弾 応募受付		キャンペーン告知
7月	第2弾 抽選・発表	新商品のパッケージ決定	応募受付
8月	第3弾 応募受付	販促用ストラップを制作	↓
9月	第3弾 抽選・発表	新商品発売と同時に実施	優秀作品の発表

①スライド3にフォルダー「**総合問題1**」の画像「**パリ**」「**ミラノ**」「**ロンドン**」をまとめて挿入しましょう。
　次に、3つの画像のサイズを高さ「**5cm**」、幅「**2.56cm**」に変更し、完成図を参考に、位置を調整しましょう。

②スライド5に図形を組み合わせて、湯呑のイラストを作成しましょう。

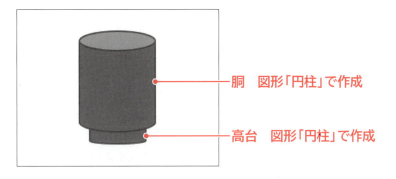

胴　図形「円柱」で作成
高台　図形「円柱」で作成

③湯呑の胴と高台をグループ化しましょう。

④スライド5に図形を組み合わせて、急須のイラストを作成しましょう。

持ち手　図形「ドーナツ」で作成
ふたのつまみ　図形「楕円」で作成
器　図形「楕円」で作成
注ぎ口　図形「台形」で作成

⑤急須の持ち手と器を「**型抜き/合成**」で結合しましょう。

⑥急須の持ち手と器、ふたのつまみ、注ぎ口を「**接合**」で結合しましょう。

⑦湯呑と急須のイラストに図形のスタイル「**パステル-緑、アクセント2**」を適用しましょう。

⑧スライド6にフォルダー「**総合問題1**」のExcelブック「**実施スケジュール**」の表を、貼り付け先のスタイルを使用して貼り付けましょう。
　次に、完成図を参考に、挿入した表の位置とサイズを調整しましょう。

⑨表に、次のような書式を設定しましょう。

フォントサイズ　：16ポイント
表のスタイル　　：中間スタイル2-アクセント3

⑩表の1行目を強調し、行方向に縞模様を設定しましょう。

⑪表の2～7行目の行の高さを均一にしましょう。

Hint 《表ツール》の《レイアウト》タブを使います。

⑫スライド2の箇条書きの文字に、クリックすると各スライドにジャンプするリンクを設定しましょう。

箇条書き	リンク先
ヨーロッパ・スペシャル・キャンペーン	スライド3
新発売コーヒー店頭キャンペーン	スライド4
お茶を読む・川柳キャンペーン	スライド5

⑬スライド3に、スライド2に戻る動作設定ボタンを作成しましょう。

⑭スライド3の動作設定ボタンに図形のスタイル「**枠線のみ-50%灰色、アクセント4**」を適用しましょう。

⑮スライド3の動作設定ボタンをスライド4とスライド5にコピーしましょう。

⑯スライドショーを実行し、スライド2からスライド5に設定したリンクを確認しましょう。

⑰プレゼンテーション内の「**読む**」という単語を、すべて「**詠む**」に置換しましょう。

※プレゼンテーションに「総合問題1完成」と名前を付けて、フォルダー「総合問題1」に保存し、閉じておきましょう。

Exercise 総合問題2

解答 ▶ 別冊P.18

File OPEN ▶ PowerPointを起動し、新しいプレゼンテーションを作成しておきましょう。

次のようなはがきを作成しましょう。

●完成図

⑤

⑩

①スライドのサイズを「はがき」、スライドの向きを「縦」に設定しましょう。

②スライドのレイアウトを「白紙」に変更しましょう。

③プレゼンテーションのテーマの配色を「赤味がかったオレンジ」に変更しましょう。

④グリッド線とガイドを表示し、次のように設定しましょう。

> 描画オブジェクトをグリッド線に合わせる
> グリッドの間隔　　　：5グリッド/cm（0.2cm）
> 水平方向のガイドの位置：中心から上に1.60の位置
> 　　　　　　　　　　　中心から下に4.40の位置

Hint 2本目のガイドはコピーします。

⑤完成図を参考に、長方形を作成し、次のように入力しましょう。長方形の高さは水平方向のガイドに合わせます。

> Anniversary Fair[Enter]
> 2016.7.4（Mon）～7.10（Sun）[Enter]
> [Enter]
> おかげさまで5周年。日ごろのご愛顧に感謝してアニバーサリーフェアを開催します。

※英数字は半角で入力します。

⑥長方形の「Anniversary Fair」に、次のような書式を設定しましょう。

> フォントサイズ：32ポイント
> 太字
> 文字の影

⑦長方形の「2016.7.4（Mon）～7.10（Sun）」に、次のような書式を設定しましょう。

> フォントサイズ：14ポイント
> 太字

⑧長方形の「おかげさまで5周年。日ごろのご愛顧に感謝してアニバーサリーフェアを開催します。」に、次のような書式を設定しましょう。

> フォントサイズ：11ポイント
> 左揃え

⑨ フォルダー「**総合問題2**」の画像「**バラ**」を挿入しましょう。
　次に、画像をトリミングし、完成図を参考に、位置を調整しましょう。

⑩ 完成図を参考に、長方形を作成し、次のように入力しましょう。長方形の高さは水平方向のガイドに合わせます。

```
お菓子の家PUPURARA [Enter]
東京都港区海岸X-X-X [Enter]
TEL 03-XXXX-XXXX
```

※英数字と記号は半角で入力します。

⑪ 長方形に、次のような書式を設定しましょう。

```
フォントサイズ　：9ポイント
右揃え
図形のスタイル　：パステル-ゴールド、アクセント2
図形の枠線　　　：線なし
```

⑫ 長方形の「**お菓子の家PUPURARA**」に、次のような書式を設定しましょう。

```
フォントサイズ　　　　：16ポイント
ワードアートスタイル　：塗りつぶし-白、輪郭-アクセント1、光彩-アクセント1
文字の輪郭　　　　　　：濃い赤、アクセント6
```

Hint 《書式》タブ→《ワードアートのスタイル》グループを使います。

⑬ 図形を組み合わせて、家のイラストを作成しましょう。
※画面の表示倍率を上げると、操作しやすくなります。

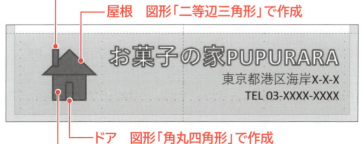

⑭屋根と煙突、壁を「接合」で結合しましょう。

⑮屋根と煙突、壁、ドアをグループ化しましょう。

⑯家のイラストに図形のスタイル「枠線-淡色1、塗りつぶし-赤、アクセント3」を適用しましょう。

⑰「バラ」の画像の下に横書きテキストボックスを作成し、次のように入力しましょう。

> アニバーサリーフェア期間中、店内全品20%オフ！ Enter
> さらに、2,000円以上お買い上げいただいたお客様 Enter
> 先着100名様にお好きなマカロンを3つプレゼント！

※数字は半角で入力します。

⑱テキストボックスのフォントサイズを「9ポイント」に変更し、完成図を参考に、位置を調整しましょう。

⑲フォルダー「総合問題2」の画像「マカロン（ピンク）」「マカロン（黄）」「マカロン（茶）」「マカロン（白）」「マカロン（緑）」をまとめて挿入しましょう。
　次に、5つの画像のマカロン以外の領域をトリミングし、画像の背景を削除しましょう。

⑳5つのマカロンの画像の幅をすべて「1cm」に変更し、位置を調整しましょう。

Hint 画像の幅に合わせて高さは自動調整されます。

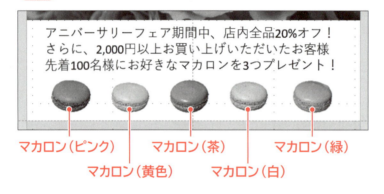

マカロン（ピンク）　マカロン（茶）　マカロン（緑）
　　　マカロン（黄色）　マカロン（白）

㉑5つのマカロンの画像を回転し、等間隔に配置しましょう。

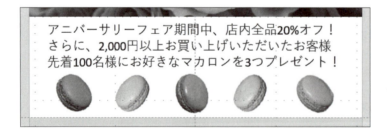

㉒グリッド線とガイドを非表示にしましょう。

※はがきに「総合問題2完成」と名前を付けて、フォルダー「総合問題2」に保存し、閉じておきましょう。

Exercise 総合問題3

解答 ▶ 別冊P.21

File OPEN フォルダー「総合問題3」のプレゼンテーション「総合問題3」を開いておきましょう。

次のようなプレゼンテーションを作成しましょう。

●完成図

1枚目: 2016年度決算報告 / FOMフーズ株式会社

2枚目: 2016年度 事業概況
- 厳しい市場環境の中、2年連続の営業黒字を達成
- 新シリーズ「ごはんにのっける」が予想を超える売れ行き
- 長期生鮮保存を可能にするパッキング技術の研究開発
- 海外事業拡大のための基盤づくりに着手

（景気低迷 → 節約志向 → 低価格志向）

3枚目: 損益計算書（P/L）（自2016年4月1日～至2017年3月31日）

科目	2016年度実績（千円）	前年比増減（千円）	前年比増減率
売上高	193,524	4,656	2.5%
売上原価	115,805	1,942	1.7%
売上総利益	77,719	2,714	3.6%
販売費及び一般管理費	66,147	1,056	1.6%
営業利益	11,572	1,658	16.7%
営業外収益	923	-159	-14.7%
営業外費用	769	-463	-37.6%
経常利益	11,726	1,962	20.1%
特別利益	137	-632	-82.2%
特別損失	655	-621	-48.7%
税引前当期純利益	11,208	1,951	21.1%
法人税・住民税及び事業税	3,317	1,016	44.2%
当期純利益	7,891	935	13.4%

4枚目: 利益・売上高推移（自2012年度～至2016年度）

（営業利益・当期純利益・売上高の棒グラフと折れ線グラフ）

5枚目: 貸借対照表（B/S）（2017年3月31日現在）

科目	金額（千円）	科目	金額（千円）
流動資産	19,658	流動負債	14,724
現金預金	9,512	買入債務	6,084
売上債権	6,772	その他	8,640
有価証券	36	固定負債	5,166
棚卸資産	2,315	社債	3,232
短期貸付金	207	長期借入金	-
その他	816	退職給付引当金	1,467
固定資産	24,630	その他	467
有形固定資産	3,329	負債合計	19,890
無形固定資産	146	資本金	2,094
投資その他の資産	21,155	資本剰余金	2,397
投資有価証券	20,864	利益剰余金	19,907
長期貸付金	41	（うち当期純利益）	7,891
その他	250	資本合計	24,398
資産合計	44,288	負債及び資本合計	44,288

6枚目: 2017年度 事業戦略
- 安心安全は絶対条件：製品衛生管理体制の強化 / 長期生鮮保存の新パッキングの導入、実現を目指す
- 節約志向への対応：節約費目の首位は食費 /「毎日食べても飽きない」をコンセプトに、低価格商品の提供
- こだわりグルメ志向への対応：「おいしいものにはお金を出す」消費者ニーズに応える商品の提供 /「たまにはぜいたく」をコンセプトに、節約志向の消費者にも訴求する商品の提供
- 外食率低下をビジネスチャンスに：「簡単ひと手間でごちそうに」をコンセプトに、共働き家族に訴求する商品の提供

274

①タイトルスライド以外のすべてのスライドに、スライド番号とフッター「**Copyright © 2017 FOMフーズ株式会社 All Rights Reserved.**」を挿入しましょう。
※英数字は半角で入力します。

Hint　「©」は、「c」と入力して変換します。

②スライドマスターを表示しましょう。

③共通のスライドマスターにあるスライド番号のサイズと位置を調整しましょう。

④共通のスライドマスターにあるフッターのフォントサイズを「**12ポイント**」に変更し、サイズと位置を調整しましょう。

⑤共通のスライドマスターのタイトルに、次のような書式を設定しましょう。

> **フォント：HG明朝E**
> **中央揃え**

⑥タイトルスライドのスライドマスターにあるタイトルとサブタイトルのプレースホルダーの位置とサイズを調整しましょう。

⑦タイトルスライドのスライドマスターのタイトルとサブタイトルの間にある直線の太さを「**2.25pt**」に変更しましょう。

⑧タイトルスライドのスライドマスターにテキストボックスを使って「**ff**」を挿入し、次のような書式を設定しましょう。

> フォント　　　　：Elephant
> フォントサイズ：300ポイント
> フォントの色　　：ゴールド、アクセント4
> 斜体

※半角で入力します。

⑨タイトルスライドのスライドマスターのテキストボックス「**ff**」を最背面に移動しましょう。

⑩スライドマスターを非表示にしましょう。

⑪スライド3にフォルダー「**総合問題3**」のExcelブック「**財務諸表**」のシート「**損益計算書**」の表を、元の書式を保持して貼り付けましょう。

⑫表のフォントサイズを「**14ポイント**」に変更しましょう。
　次に、完成図を参考に、表の位置とサイズを調整しましょう。

⑬スライド4にExcelブック「**財務諸表**」のシート「**売上高推移**」のグラフを元の書式を保持して埋め込みましょう。

⑭グラフのフォントサイズを「**14ポイント**」に変更しましょう。
　次に、完成図を参考に、グラフの位置とサイズを調整しましょう。

⑮スライド5にExcelブック「**財務諸表**」のシート「**貸借対照表**」の表を埋め込みましょう。
　次に、完成図を参考に、表の位置とサイズを調整しましょう。

※プレゼンテーションに「総合問題3完成」と名前を付けて、フォルダー「総合問題3」に保存し、閉じておきましょう。

Exercise 総合問題4

解答 ▶ 別冊P.23

File OPEN フォルダー「総合問題4」のプレゼンテーション「総合問題4」を開いておきましょう。

次のようなプレゼンテーションを作成しましょう。

●完成図

1枚目

2枚目

3枚目

4枚目

5枚目

6枚目

①スライド1の後ろに、フォルダー「**総合問題4**」のWord文書「**学校案内**」を挿入しましょう。
※Word文書「学校案内」には、あらかじめ見出し1から見出し3までのスタイルが設定されています。

②スライド2からスライド5をリセットしましょう。
　次に、スライド4とスライド5のレイアウトを「**タイトルのみ**」に変更しましょう。

③スライド3の後ろに、フォルダー「**総合問題4**」のプレゼンテーション「**学校概要**」のすべての
　スライドを挿入しましょう。

④スライドマスターを表示しましょう。

⑤共通のスライドマスターのタイトルに、次のような書式を設定しましょう。

> フォント：HGS明朝E
> 文字の影

⑥共通のスライドマスターにある長方形のサイズと位置を調整しましょう。

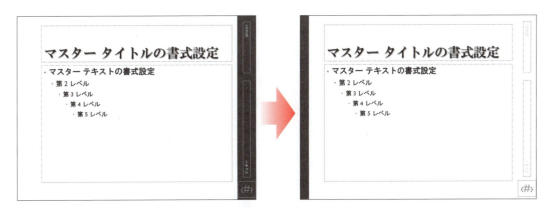

⑦共通のスライドマスターにフォルダー「**総合問題4**」の画像「**学校ロゴ**」を挿入しましょう。
　次に、完成図を参考に、画像のサイズと位置を調整しましょう。

⑧タイトルスライドのスライドマスターにフォルダー**「総合問題4」**の画像**「学生」**を挿入しましょう。
　次に、完成図を参考に、画像をトリミングし、位置とサイズを調整しましょう。

⑨画像の彩度を**「200%」**に変更しましょう。

⑩スライドマスターを非表示にしましょう。

⑪現在のデザインをテーマ**「学校案内」**として保存しましょう。

⑫スライド7にフォルダー**「総合問題4」**のExcelブック**「進路状況」**のシート**「構成比」**のグラフを、元の書式を保持しリンクしましょう。
　次に、完成図を参考に、グラフのサイズと位置を調整しましょう。

⑬スライド8にExcelブック**「募集要項」**の表を図として貼り付けましょう。
　次に、完成図を参考に、表のサイズと位置を調整しましょう。

※プレゼンテーションに「総合問題4完成」と名前を付けて、フォルダー「総合問題4」に保存し、閉じておきましょう。

Exercise 総合問題5

解答 ▶ 別冊P.25

File OPEN フォルダー「総合問題5」のプレゼンテーション「総合問題5」を開いておきましょう。

次のようなプレゼンテーションを作成しましょう。

●完成図

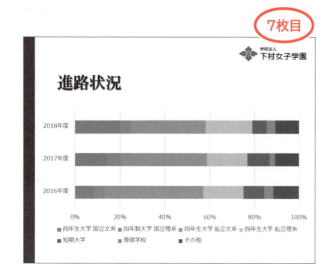
7枚目

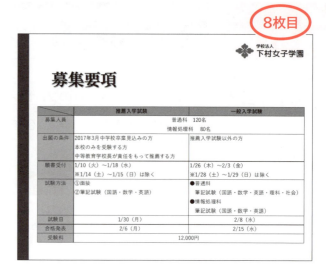
8枚目

①開いているプレゼンテーション「総合問題5」とプレゼンテーション「教務チェック結果」を比較し、校閲を開始しましょう。

②1件目の変更内容（スライド4）を確認し、「教務チェック結果」の変更内容を反映しましょう。

③2件目の変更内容（スライド6）を確認し、変更履歴ウィンドウに「教務チェック結果」のスライドを表示しましょう。
次に、「教務チェック結果」の変更内容を反映しましょう。

④校閲を終了しましょう。

⑤スライド8に「最新情報を確認」というコメントを挿入しましょう。

⑥プレゼンテーションのプロパティに、次のような情報を設定しましょう。

> 管理者：入試広報部
> 会社名：下村女子学園

⑦ドキュメント検査を行ってすべての項目を検査し、検査結果からコメントを削除しましょう。

⑧次のような設定で、プレゼンテーションをプレゼンテーションパックとしてフォルダー「総合問題5」に保存しましょう。

> フォルダー名：配布用
> リンクされたファイルを含める
> 埋め込まれたTrueTypeフォントを含める

※プレゼンテーション「総合問題5」には、Excelブック「進路状況」がリンクされています。

⑨プレゼンテーションに「2017年度学校案内（配布用）」と名前を付けて、PDFファイルとしてフォルダー「総合問題5」に保存しましょう。

⑩プレゼンテーションを開く際のパスワード「password」を設定しましょう。

※プレゼンテーションに「総合問題5完成」と名前を付けて、フォルダー「総合問題5」に保存し、閉じておきましょう。

付録1 | **Appendix 1**

ショートカットキー一覧

Appendix ショートカットキー一覧

付録1 ショートカットキー一覧

●スライド編集中

操作	キー
リボンの最小化・展開	Ctrl + F1
プレゼンテーションを開く	Ctrl + O
プレゼンテーションを閉じる	Ctrl + W
PowerPointの終了	Alt + F4
名前を付けて保存	F12
上書き保存	Ctrl + S
印刷	Ctrl + P
元に戻す	Ctrl + Z
やり直し	Ctrl + Y
コピー	Ctrl + C
切り取り	Ctrl + X
貼り付け	Ctrl + V
新しいスライドの挿入	Ctrl + M
太字	Ctrl + B
斜体	Ctrl + I
下線	Ctrl + U
フォントサイズの拡大	Ctrl + Shift + >
フォントサイズの縮小	Ctrl + Shift + <
左揃え	Ctrl + L
中央揃え	Ctrl + E
右揃え	Ctrl + R
箇条書きテキストのレベル上げ	Shift + Tab
箇条書きテキストのレベル下げ	Tab
検索	Ctrl + F
置換	Ctrl + H
スライドショーを最初のスライドから開始する	F5
スライドショーを現在のスライドから開始する	Shift + F5
次のセルへ移動	Tab
直前のセルへ移動	Shift + Tab
アニメーションのコピー	Alt + Shift + C

●スライドショー実行中

操作	キー
マウスポインターをペンにする	Ctrl + P
ペンで書き込んだ内容を消去する	E
ペンを解除する	Ctrl + U
画面を黒に切り替える	B
画面を白に切り替える	W
スライドショーを中断する	Esc

付録2 | # Appendix 2

マルチデバイス時代のOffice活用術

Step1	マルチデバイス環境でOfficeを利用する……………	285
Step2	複数のパソコンでOfficeのファイルをやり取りする…	288
Step3	タブレットやスマートフォンでOfficeを利用する……	296

Step1 マルチデバイス環境でOfficeを利用する

1 様々な環境で利用できるOffice

最近では、パソコンやタブレット、スマートフォンなど、複数のデバイスを一人で使うことが多くなってきました。使う場所も、会社の事務所や自宅、外出先など様々です。
最新のOfficeは、パソコンだけでなく、タブレットやスマートフォンなどのモバイルデバイスにもインストールして利用することができます。そのため、必要なときに、パソコンと同じようにWordやExcelなどを使うことができます。

2 Microsoftアカウントを使ったサインイン

様々なデバイスでOfficeを使うには、「**Microsoftアカウント**」で「**サインイン**」しておくと便利です。
Microsoftアカウントとは、マイクロソフト社がインターネット上でユーザーを認証する手段のひとつで、マイクロソフト社の様々なサービスへの認証に利用されます。サインインとは、Microsoftアカウントを取得するときに登録したメールアドレスとパスワードを入力することでユーザーを認証し、Windowsや各種サービスなどを利用できる状態にするものです。
Microsoftアカウントは、一度取得すれば、マイクロソフト社のサービスや複数のデバイスに共通で使用できます。
例えば、WindowsにMicrosoftアカウントでサインインすると、デスクトップの背景やテーマ、マウスやプリンターなどのWindowsの設定が同期され、パソコンごとに設定する必要はありません。
また、自動的にOfficeにもサインインした状態になり、Officeのテーマの設定や最近使ったファイルの履歴情報などが同期されます。

●異なるMicrosoftアカウントでサインインした場合

デスクトップの背景が異なる設定で表示される

「富士太郎」でサインイン　　　「FUJI」でサインイン

●同じMicrosoftアカウントを使ってサインインした場合

サインインしたときに、共通の設定が読み込まれる

「富士太郎」でサインイン

POINT ▶▶▶

Microsoftアカウントの取得

Microsoftアカウントは、メールアドレスとパスワードを組み合わせたもので、誰でも無料で取得できます。購入したパソコンを最初にセットアップする際、Microsoftアカウントのサインインが要求されるので、セットアップしながらMicrosoftアカウントを取得することができます。セットアップ時以外に、Microsoftアカウントを取得するには、次のマイクロソフト社のホームページから行います。

https://www.microsoft.com/ja-jp/msaccount/

※既存の「Hotmailアカウント」や「Outlook.comアカウント」も利用できます。

3 ファイルを共有できるOneDrive

複数のデバイスでファイルを共有するには、「OneDrive」を利用します。OneDriveとは、マイクロソフト社が提供するインターネット上のデータ保管サービスです。Microsoftアカウントを取得すれば、誰でも無料で利用できます。

OneDriveを利用すると、PowerPointやWord、Excelなどで作成したファイルを自分のパソコンに保存するように、インターネット上のディスク領域にスムーズに保存できます。

また、OneDriveに保存したファイルは、同じMicrosoftアカウントを使ってサインインすれば、複数のデバイスからアクセスできるため、外部媒体を持ち歩くことなく、やり取りできるというメリットがあります。

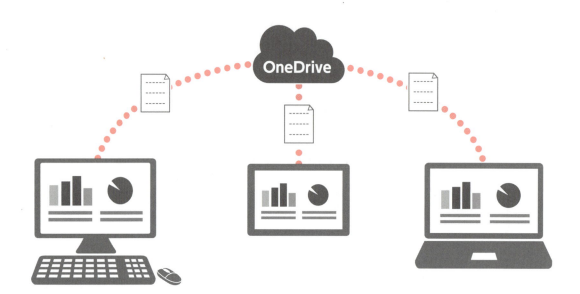

Step2 複数のパソコンでOfficeのファイルをやり取りする

1 複数のパソコンでOfficeのファイルを利用

Microsoftアカウントを使ってWindowsにサインインすると、OneDriveにファイルを保存できます。また、別のパソコンでも同じMicrosoftアカウントを使ってWindowsにサインインすると、OneDriveに保存したファイルを開くことができます。
例えば、会社の事務所にあるデスクトップパソコンからOneDriveにファイルを保存しておけば、自宅のノートパソコンでOneDriveに保存したファイルを開くことができるようになります。

2 1台目のパソコンでOneDriveにファイルを保存

MicrosoftアカウントでWindowsにサインインすると、自動的にOfficeにもサインインされます。Officeにサインインすると、ファイルの保存先としてOneDriveを指定できるようになります。
パソコンを使って、PowerPointで作成したファイルをOneDriveに保存する方法を確認しましょう。

1 Windowsにサインイン

WindowsにMicrosoftアカウントでサインインするには、使用するデバイスのWindowsのユーザーにMicrosoftアカウントを登録しておく必要があります。
通常、個人で購入したパソコンは、Microsoftアカウントを使ってWindowsのセットアップを行うため、自動的にMicrosoftアカウントがWindowsのユーザーとして登録されています。

MicrosoftアカウントでWindowsにサインインする方法を確認しましょう。次に、PowerPointを起動し、MicrosoftアカウントでOfficeにもサインインしていることを確認しましょう。

付録2 マルチデバイス時代のOffice活用術

①パソコンに電源を入れます。
ロック画面が表示されます。
②画面上でクリックします。

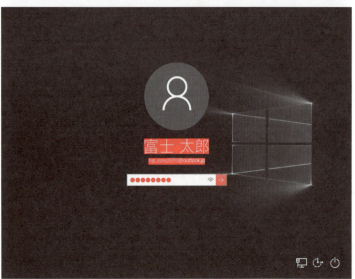

ロック画面が解除され、サインイン画面が表示されます。
③ユーザー名を確認します。
※サインインするユーザーがMicrosoftアカウントの場合は、ユーザー名の下にメールアドレスが表示されます。
④パスワードを入力し、→ をクリックします。

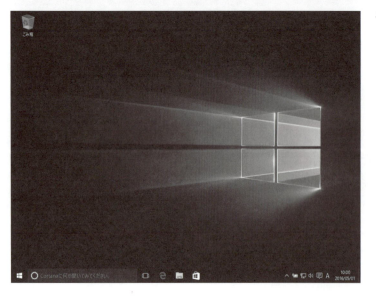

デスクトップ画面が表示されます。

PowerPointを起動します。
⑤ ■ (スタート) をクリックします。
⑥《すべてのアプリ》をクリックします。

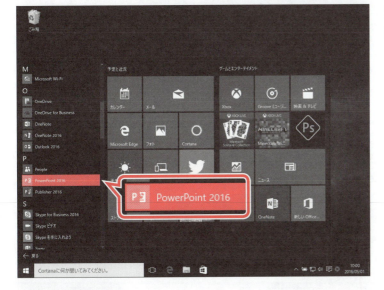

⑦《PowerPoint 2016》をクリックします。
※表示されていない場合は、スクロールして調整します。

PowerPointが起動し、PowerPointのスタート画面が表示されます。
WindowsにサインインしたMicrosoftアカウントで自動的にOfficeにサインインしていることを確認します。

⑧画面右上に背景が表示され、サインインしているユーザー名とメールアドレスが表示されていることを確認します。

POINT ▶▶▶

Officeにサインイン・サインアウト

OneDriveを利用するには、Officeにサインインしておく必要があります。WindowsにMicrosoftアカウントでサインインしていない場合は、MicrosoftアカウントでOfficeにサインインすることができます。
Officeにサインインする方法は、次のとおりです。

◆《ファイル》タブ→《アカウント》→《サインイン》

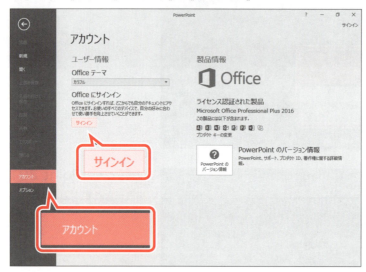

Officeにサインインすると、Officeを終了してもサインインした状態は保持され、自動的にサインアウトされません。OneDriveの利用を終了するときは、Officeからサインアウトします。
Officeからサインアウトする方法は、次のとおりです。

◆《ファイル》タブ→《アカウント》→《サインアウト》

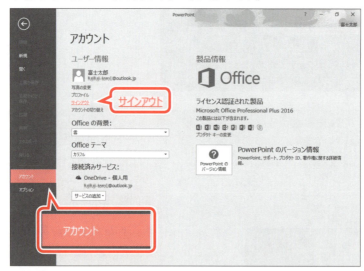

2 OneDriveにファイルを保存

Officeにサインインすると、ファイルの保存先としてOneDriveを指定できるようになります。OneDriveには、ユーザーが作成したファイルを保存できるフォルダー**「ドキュメント」**があらかじめ用意されています。OneDriveは、自分のパソコンと同様に、自由にフォルダーを作成してファイルを管理することもできます。
OneDriveのフォルダー**「ドキュメント」**にファイルを保存する方法を確認しましょう。

File OPEN　フォルダー「付録2」のプレゼンテーション「物件情報」を開いておきましょう。

①《ファイル》タブを選択します。

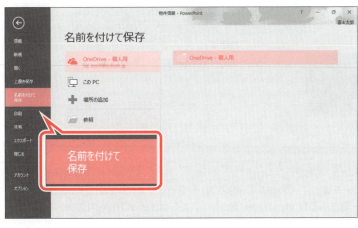

②《名前を付けて保存》をクリックします。
③《OneDrive-個人用》をクリックします。
④《OneDrive-個人用》をクリックします。
※すでに保存したことがある場合は《（ユーザー名）さんのOneDrive》と表示されます。

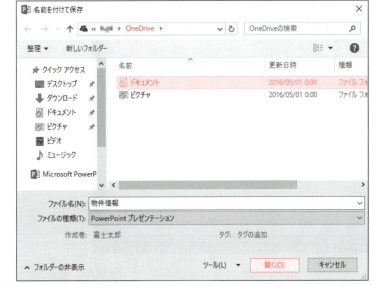

《名前を付けて保存》ダイアログボックスが表示されます。
※ダイアログボックスが表示されるまでに時間がかかることがあります。
⑤OneDrive内が表示されていることを確認します。
⑥一覧から「ドキュメント」を選択します。
※このフォルダー「ドキュメント」は、OneDrive内のフォルダーです。自分のパソコンのフォルダーではありません。
⑦《開く》をクリックします。

付録2 マルチデバイス時代のOffice活用術

⑧《ファイル名》に「**物件情報**」と表示されていることを確認します。
⑨《**保存**》をクリックします。

OneDriveにファイルが保存されます。
※OneDriveに保存したファイルが開かれている状態になります。
⑩クイックアクセスツールバーの ■（上書き保存）が （保存）になっていることを確認します。
※この状態でプレゼンテーションを編集して （保存）をクリックすると、OneDriveのファイルが更新されます。
※PowerPointを終了しておきましょう。

WindowsでOneDriveにファイルをコピーする

Windowsのエクスプローラーを使って、OneDrive内のフォルダーにファイルをコピーできます。エクスプローラーの左側の一覧にある「OneDrive」をクリックすると、OneDrive内のフォルダーが表示されます。あとは自分のパソコンのファイルをコピーするように、Ctrlを押しながらファイルをドラッグすれば、OneDriveのフォルダーにファイルをコピーできます。

※OneDriveをクリックしたときに、「OneDriveへようこそ」の画面が表示された場合は、画面に従って、Microsoftアカウントでサインインします。

293

3 2台目のパソコンでOneDriveのファイルを開く

1台目のパソコンにサインインした同じMicrosoftアカウントを使って、2台目のパソコンにサインインし、OneDriveのドキュメントに保存したファイル**「物件情報」**を開きましょう。

※MicrosoftアカウントでWindowsにサインインし、PowerPointを起動して新しいプレゼンテーションを作成しておきましょう。

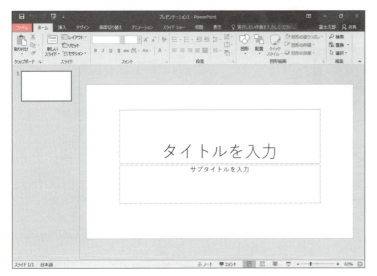

①《**ファイル**》タブを選択します。

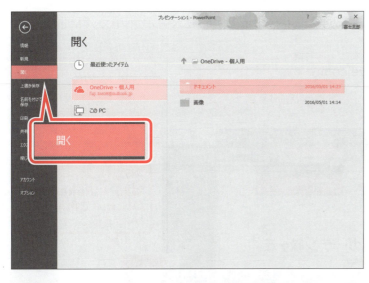

②《**開く**》をクリックします。
③《**OneDrive-個人用**》をクリックします。
④《**ドキュメント**》をクリックします。

⑤ファイル**「物件情報」**をクリックします。

OneDriveのファイルが開かれます。
※PowerPointを終了しておきましょう。

📖 STEP UP　ブラウザーでOneDriveのファイルを開く

PowerPointやWord、ExcelなどのOfficeがセットアップされていないパソコンでも、「Office Online」を使うと、OneDriveに保存したファイルをブラウザーで表示・編集することができます。
Office Onlineとは、ブラウザーで利用できるOfficeアプリの総称で、プレゼンテーションソフトの「PowerPoint Online」、ワープロソフトの「Word Online」、表計算ソフトの「Excel Online」などがあります。
Office Onlineは、市販されている製品版と比べ、利用できる機能が制限されており、リボンやボタンは一部しか用意されていません。
ブラウザーを使ってOneDriveのファイルを開くには、次のホームページにアクセスしてMicrosoftアカウントでサインインします。

> https://onedrive.live.com

《プレゼンテーションの編集》→《PowerPoint Onlineで編集》をクリックすると

PowerPointがセットアップされていないパソコンでも、ファイルを編集できる

Step 3 タブレットやスマートフォンでOfficeを利用する

1 モバイルデバイスでOfficeのファイルを利用

タブレットやスマートフォンといったモバイルデバイスでOfficeを利用するには、マイクロソフト社から提供されている**「Officeアプリ」**をインストールします。このOfficeアプリにMicrosoftアカウントでサインインすると、OneDriveに保存されたファイルを開いたり、OneDriveにファイルを保存したりできます。
例えば、会社のパソコンでOneDriveにファイルを保存したときと同じMicrosoftアカウントでOfficeアプリにサインインすれば、外出先のタブレットでもOneDriveに保存したファイルを開くことができるようになります。

2 Officeを利用できるモバイルデバイス

Officeを利用できるモバイルデバイスには、次のようなものがあります。

●タブレット
WindowsタブレットはもちろんOSがiOSやAndroidのタブレットでも利用できます。

●スマートフォン
Windows Phone以外にも、OSがiOSやAndroidのスマートフォンでも利用できます。

3 タブレットにOfficeアプリをインストール

Officeアプリは、App Store(iPhone・iPadの場合)やGoogle Play(Androidの場合)から無償でダウンロードできます。

iPadにOfficeアプリ「**PowerPoint**」をインストールする方法を確認しましょう。

※iPadまたはiPhoneにOfficeアプリをインストールするには、iOS 8.0以降のバージョンが必要です。
※App StoreからOfficeアプリをインストールするために、Apple IDが必要になります。本書では、すでにApple IDを取得し、App Storeに登録が完了していることを前提としています。

> ここでは、2016年3月現在のOfficeアプリ「**PowerPoint**」(1.19)に基づいて解説しています。アップデートによって機能が更新された場合には、本書の記載のとおりに操作できなくなる可能性があります。

①《**App Store**》をタップします。
※iPadを横向きにして操作しています。

②画面右上の《**検索**》をタップします。
カーソルが表示されます。
③「**PowerPoint**」と入力します。
④《**Search**》をタップします。

検索結果が表示されます。
⑤《**Microsoft PowerPoint**》の《**入手**》をタップします。

《入手》の表示が《インストール》に変わります。

⑥《インストール》をタップします。

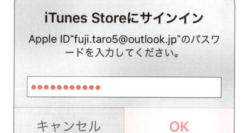

《iTunes Storeにサインイン》が表示されます。

⑦Apple IDのパスワードを入力します。

⑧《OK》をタップします。

《インストール》の表示が⬛に変わり、アプリのインストールが開始されます。

※⬛が《開く》に変わると、アプリのインストールが完了します。

アプリがインストールされます。

⑨⬛が《開く》に変わったことを確認します。

※ホームボタンを押して、ホーム画面に戻っておきましょう。

> **POINT ▶▶▶**
>
> ### Android OSにOfficeアプリをインストールする場合
>
> Androidが入っているタブレットやスマートフォンを使って、Officeアプリ「PowerPoint」をインストールする方法は、次のとおりです。
>
> ◆《Play ストア》→検索ボックスに「PowerPoint」と入力→ 🔍 →《Microsoft PowerPoint》→《インストール》
>
> ※AndroidタブレットやスマートフォンにOfficeアプリをインストールするには、Android KitKat 4.4以降のバージョンが必要です。

4 タブレットでOneDriveのファイルを開く

前のStepでパソコンにサインインしたMicrosoftアカウントを使って、タブレットのOfficeアプリにサインインし、OneDriveのドキュメントに保存したファイル**「物件情報」**を開く方法を確認しましょう。

1 Officeアプリにサインイン

Officeアプリ**「PowerPoint」**を起動し、Microsoftアカウントでサインインしましょう。

①《PowerPoint》をタップします。

②《サインイン》をタップします。
※Officeアプリ「PowerPoint」を初めて起動すると、アプリの説明が表示されます。説明を飛ばすには、画面を左にスライドします。

《サインイン》の画面が表示されます。

③メールアドレスを入力します。

④《次へ》をタップします。

⑤《パスワード》にパスワードを入力します。
⑥《サインイン》をタップします。

《準備が完了しました》が表示されます。
⑦《作成および編集》をタップします。

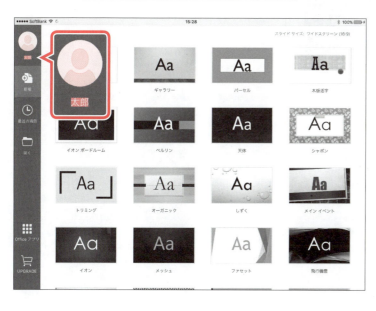

PowerPointのスタート画面が表示されます。
※《PowerPointの新機能》が表示される場合は、《完了》をタップします。
⑧画面左上にサインインしているユーザー名が表示されていることを確認します。

2 ファイルを開く

OneDriveのドキュメントに保存したファイル**「物件情報」**をOfficeアプリ**「PowerPoint」**で開く方法を確認しましょう。

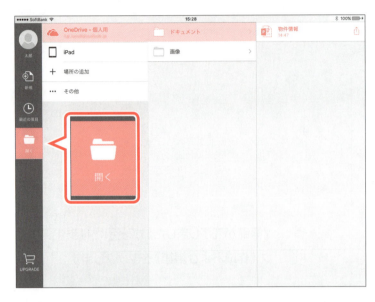

①PowerPointのスタート画面が表示されていることを確認します。
②《**開く**》をタップします。
③《**OneDrive-個人用**》が選択されていることを確認します。
④《**ドキュメント**》をタップします。
《**ドキュメント**》の一覧が表示されます。
⑤ファイル**「物件情報」**をタップします。

OneDriveのファイルが開かれます。

POINT ▶▶▶

Officeアプリ「PowerPoint」の画面構成（iPadの場合）

❶ ←
表示しているファイルを閉じて、スタート画面に戻ります。

❷
保存や印刷などに関するメニューが表示されます。

❸
直前に行った操作を取り消して、もとの状態に戻すことができます。

❹
 で取り消した操作を再度実行できます。

❺ コマンドの一覧
使用できるコマンドがボタンで表示されます。関連する機能ごとに、タブに分類されています。

3 ファイルを閉じる

パソコンではOfficeを終了すると、開いていたファイルは自動的に閉じられます。iPadではホームボタンを押してOfficeアプリを終了しても、開いていたファイルは自動的に閉じられません。
Officeアプリ「PowerPoint」で、ファイルを閉じる方法を確認しましょう。

ファイルを閉じます。
① ← をタップします。

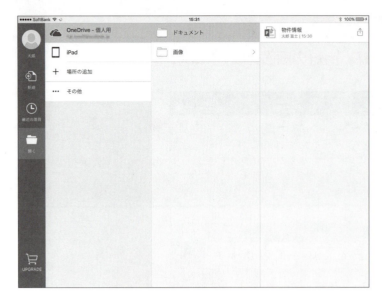

PowerPointのスタート画面に戻ります。
※ホームボタンを押して、ホーム画面に戻っておきましょう。

> ! **POINT ▶▶▶**
>
> ### すべての機能を使用する場合
>
> Officeアプリは無料で使用できますが、使用できる機能が限定されています。すべての機能を使用するには、別途Office365のライセンスを購入する必要があります。
> ライセンスが必要な機能を選択すると、次のような画面が表示され、ライセンスを購入できます。
>
>
>
>
>
> 《詳細を表示》をタップするとOffice 365のライセンスを購入する画面が表示される

> ! **POINT ▶▶▶**
>
> ### Officeアプリからサインアウト
>
> タブレットのOfficeアプリも一旦サインインすると、「サインアウト」の操作を行うまで、サインインした状態は保持され、Officeアプリを終了しても、自動的にサインアウトされることはありません。サービスを利用しない場合は、サインアウトします。
> Officeアプリからサインアウトする方法は、次のとおりです。
> ◆画面左上のユーザー名→ユーザー名→《サインアウト》→《サインアウト》
>
>

Index

索引

Index 索引

英字

Excelグラフの埋め込み ……………………… 177
Excelグラフの貼り付け方法 ………………… 176
Excelグラフのリンク …………………… 177,178
Excelデータの貼り付け ……………………… 176
Excelデータの利用 …………………………… 175
Excel表の貼り付け …………………………… 186
Excel表の貼り付け方法 ……………………… 186
Excel表のリンク貼り付け …………………… 187
Microsoftアカウント ………………………… 285
Microsoftアカウントの取得 ………………… 286
MPEG-4オーディオファイル ………………… 113
Office Online ………………………………… 295
Officeアプリ …………………………………… 296
Officeアプリからサインアウト …………… 303
Officeアプリにサインイン ………………… 299
Officeアプリのインストール ……………… 297
Officeアプリの画面構成 …………………… 302
Officeからサインアウト …………………… 291
Officeにサインイン ………………………… 291
OneDrive ……………………………………… 287
OneDriveにファイルをコピー ……………… 293
OneDriveにファイルを保存 …………… 288,292
OneDriveのファイルを開く …………… 294,299
PDFファイル …………………………………… 260
PDFファイルとして保存 …………………… 260
PowerPoint Viewer ………………………… 259
PowerPointデータの利用 …………………… 190
Windowsにサインイン ……………………… 288
Wordデータの利用 …………………………… 169
Word文書の挿入 ……………………………… 170

あ

アート効果 ……………………………………… 13
アート効果の解除 ……………………………… 14
アウトラインからスライド ………………… 170
明るさとコントラストの調整(ビデオ) …… 103
アクセシビリティ …………………………… 249
アクセシビリティチェック ………………… 249
アクセシビリティチェックの結果 ………… 250
アクセシビリティチェックの実行 ………… 249
圧縮(画像) ……………………………………… 26

い

移動(オーディオ) …………………………… 111
移動(ガイド) ………………………………… 56
移動(コメント) ……………………………… 211
移動(図形) …………………………………… 70
移動(ビデオ) ………………………………… 101
色の彩度 ………………………………………… 15
色のトーン ……………………………………… 14
色の変更(画像) ………………………………… 15
色の変更(ビデオ) …………………………… 103
印刷(コメント) ……………………………… 215
印刷イメージの表示(Word) ………………… 195
インストール(Officeアプリ) ……………… 297

う

埋め込み(Excelグラフ) ……………………… 177
埋め込んだグラフの修正 …………………… 182

お

オーディオ …………………………………… 109
オーディオコントロール …………………… 110
オーディオの移動 …………………………… 111
オーディオのオプショングループ ………… 115
オーディオのサイズ変更 …………………… 111
オーディオの再生 …………………… 110,114
オーディオの挿入 …………………………… 109
オーディオのトリミング …………………… 112
オーディオファイルの種類 ………………… 109
オブジェクトの回転 ………………………… 16
オブジェクトの動作設定 …………………… 152
オブジェクトの動作設定ダイアログボックス ………… 153
オブジェクトへのコメントの挿入 ………… 211
オプションダイアログボックス …………… 260
オンラインテンプレート …………………… 232
オンラインテンプレートの利用 …………… 232

か

回転(画像) …………………………………… 16,18
回転(図形) …………………………………… 66
ガイド …………………………………………… 54

ガイドの移動 …………………………………… 56
ガイドのコピー ………………………………… 57
ガイドの削除 …………………………………… 57
ガイドの非表示 ………………………………… 55
ガイドの表示 …………………………………… 54
各スライドレイアウトのスライドマスター ……… 129
角度を指定した回転 …………………………… 66
重なり抽出 ……………………………………… 76
画像の圧縮 ……………………………………… 26
画像の色の彩度 ………………………………… 15
画像の色の変更 ………………………………… 15
画像の回転 …………………………………… 16,18
画像のサイズ変更 ……………………………… 24
画像の挿入 …………………………………… 16,138
画像のトリミング …………………………… 20,36
画像の背景の削除 …………………………… 30,32
画像の配置 ……………………………………… 52
画像の反転 ……………………………………… 19
画像の変更 ……………………………………… 29
画像のリセット ………………………………… 15
型抜き/合成 ……………………………………… 76
画面切り替えの設定 …………………………… 117
画面切り替えのタイミング …………………… 119
画面構成（Officeアプリ） ……………………… 302

き

既存のテンプレートの利用 …………………… 234
共通のスライドマスター ……………………… 129
共通のスライドマスターの編集 ……………… 131
切り出し ………………………………………… 76

く

グラフの修正 …………………………………… 182
グラフの書式設定 ……………………………… 183
グリッド線 ……………………………………… 54
グリッド線に合わせずに配置 ………………… 71
グリッド線に合わせて配置 …………………… 55
グリッド線の間隔の変更 ……………………… 55
グリッド線の非表示 …………………………… 55
グリッド線の表示 ……………………………… 54
グループ化 ……………………………………… 69

け

検索 …………………………………………… 202

こ

校閲 …………………………………………… 216
校閲作業 ……………………………………… 216
校閲の終了 …………………………………… 227
コピー（ガイド） ………………………………… 57
コピー（図形） ………………………………… 61
コピー（ファイル） …………………………… 293
コメント ……………………………………… 206
コメント間の移動 …………………………… 211
コメント作業ウィンドウ ………………… 206,207
コメントの移動 ……………………………… 211
コメントの印刷 ……………………………… 215
コメントの確認 ……………………………… 206
コメントの削除 …………………………… 214,215
コメントの挿入 ………………………… 209,210,211
コメントの非表示 …………………………… 208
コメントの表示 ……………………………… 208
コメントの編集 ……………………………… 212
コメントへの返答 …………………………… 213

さ

最終版にする ………………………………… 256
最終版のプレゼンテーションの編集 ………… 256
サイズ変更（オーディオ） …………………… 111
サイズ変更（画像） …………………………… 24
サイズ変更（スライド） ……………………… 45
サイズ変更（ビデオ） ………………………… 101
サイズ変更（プレースホルダー） …………… 134
再生（オーディオ） ……………………… 110,114
再生（ビデオ） ………………………… 99,107,120
再生順序の変更 ……………………………… 116
再生順序を後にする ………………………… 116
サインアウト（Office） ……………………… 291
サインアウト（Officeアプリ） ……………… 303
サインイン …………………………………… 285
サインイン（Office） ………………………… 291
サインイン（Officeアプリ） ………………… 299
サインイン（Windows） ……………………… 288
削除（ガイド） ………………………………… 57
削除（コメント） ………………………… 214,215
削除（図形） ……………………………… 131,144
削除（スライド） ……………………………… 236
削除（テーマ） ………………………………… 146
削除（背景） ……………………………… 30,32
左右中央揃え …………………………………… 70
左右に整列 ………………………………… 70,72

し

下揃え……………………………………………… 70

す

スクリーンショット ………………………………… 194
スクリーンショットの挿入 ……………………… 196,197
図形に合わせてトリミング ………………………… 26
図形の移動………………………………………… 70
図形の回転………………………………………… 66
図形のグループ化………………………………… 69
図形の結合………………………………………… 76
図形のコピー……………………………………… 61
図形の削除…………………………………… 131,144
図形の作成…………………………………… 58,74
図形の整列………………………………………… 70
図形の塗りつぶし………………………………… 64
図形の表示順序…………………………………… 67
図形の文字の修正………………………………… 61
図形の枠線………………………………………… 63
図形への文字の入力……………………………… 60
図形を組み合わせたオブジェクトの作成………… 73
図として貼り付け ………………………………… 184
図の圧縮…………………………………………… 26
図のスタイル ……………………………………… 27
図のスタイルのカスタマイズ …………………… 27
図のスタイルの適用……………………………… 185
すべて置換………………………………………… 205
すべての変更の承諾……………………………… 225
すべての変更を元に戻す ………………………… 226
スポイトを使った色の指定 ……………………… 65
スライドのサイズ ………………………………… 45
スライドのサイズ指定 …………………………… 47
スライドのサイズ変更 …………………………… 45
スライドの再利用 ………………………………… 190
スライドの削除 …………………………………… 236
スライドの編集 …………………………………… 236
スライドのリセット …………………………… 172,173
スライドのレイアウトの変更 …………………… 48
スライドマスター ………………………………… 128
スライドマスターの種類………………………… 129
スライドマスターの表示………………………… 130
スライドマスターの編集……………………… 131,141

せ

正方形の作成……………………………………… 59
接合………………………………………………… 76

そ

挿入（Word文書）………………………………… 170
挿入（オーディオ）………………………………… 109
挿入（画像）…………………………………… 16,138
挿入（コメント）……………………………… 209,210,211
挿入（スクリーンショット）…………………… 196,197
挿入（ビデオ）…………………………………… 96,98
挿入（フッター）………………………………… 148
挿入（ヘッダー）………………………………… 148
属性………………………………………………… 243

た

代替テキストの設定 ……………………………… 251
タイトルスライドのスライドマスターの編集 …… 141
タイトルスライドの背景の非表示 ……………… 140
タイトルスライドの背景の表示 ………………… 140
縦書きテキストボックスの作成………………… 81
縦横比……………………………………………… 23
縦横比を指定してトリミング …………………… 22
単純型抜き………………………………………… 76

ち

置換………………………………………………… 203
置換（フォント）………………………………… 205

て

テーマとして保存 ………………………………… 145
テーマとリボン …………………………………… 51
テーマの確認 ……………………………………… 49
テーマの削除 ……………………………………… 146
テーマの適用 ……………………………………… 49
テーマの適用（ユーザー定義）………………… 146
テーマの配色の変更 ……………………………… 49
テーマのフォントの確認 ………………………… 173
テーマのフォントの変更 …………………… 49,241
テキストボックス ………………………………… 79
テキストボックスの書式設定 …………………… 83
テキストボックスの塗りつぶし ………………… 85
デザインのリセット ……………………………… 104
テンプレート ……………………………………… 232
テンプレートとして保存………………………… 241
テンプレートの利用 ………………………… 232,234,242

と

動画の著作権 …… 98
動作設定ボタン …… 155
動作設定ボタンの確認 …… 157
動作設定ボタンの作成 …… 155
動作設定ボタンの編集 …… 157
動作の確認 …… 154
ドキュメント検査 …… 246
ドキュメント検査の実行 …… 246
ドキュメント検査の対象 …… 246
トリミング（オーディオ） …… 112
トリミング（画像） …… 20,21,22,26,36
トリミング（ビデオ） …… 105

な

ナレーションの録音 …… 113

の

ノートマスター …… 147

は

背景の削除 …… 30,32
背景の削除タブ …… 35
背景の非表示 …… 140
背景の表示 …… 140
配置ガイド …… 19
配置の調整 …… 70
配布資料マスター …… 147
パスワード …… 253,254
パスワードの設定 …… 253
パスワードを使用して暗号化 …… 253
パスワードを設定したプレゼンテーションを開く …… 254
貼り付け（Excelデータ） …… 176,178,184,186
反転（画像） …… 19

ひ

比較 …… 216,217
比較の流れ …… 217
ビデオ …… 96
ビデオコントロール …… 97,100
ビデオスタイル …… 104
ビデオスタイルの適用 …… 104
ビデオの明るさとコントラストの調整 …… 103
ビデオの移動 …… 101
ビデオの色の変更 …… 103
ビデオのオプショングループ …… 108
ビデオのサイズ変更 …… 101
ビデオの再生 …… 99,107,120
ビデオの作成 …… 117,118
ビデオの挿入 …… 96,98
ビデオのトリミング …… 105
ビデオのトリミングダイアログボックス …… 106
ビデオのファイルサイズと画質 …… 119
ビデオの編集 …… 103
ビデオファイルの種類 …… 96
非表示（ガイド） …… 55
非表示（グリッド線） …… 55
非表示（コメント） …… 208
非表示（タイトルスライドの背景） …… 140
非表示（変更履歴ウィンドウ） …… 221
表示（ガイド） …… 54
表示（グリッド線） …… 54
表示（コメント） …… 208
表示（スライドマスター） …… 130
表示（タイトルスライドの背景） …… 140
表示（変更履歴ウィンドウ） …… 221
表紙画像 …… 107
表示順序（図形） …… 67
表示倍率の変更 …… 58
表の書式設定 …… 188

ふ

ファイル形式を指定して保存 …… 257
ファイルのコピー（OneDrive） …… 293
ファイルの保存（OneDrive） …… 288,292
ファイルを閉じる（Officeアプリ） …… 302
ファイルを開く（Officeアプリ） …… 301
ファイルを開く（OneDrive） …… 294,299
フォントの置換 …… 205
フッター …… 148
フッターの挿入 …… 148
フッターの編集 …… 149
プレースホルダーのサイズ変更 …… 134
プレースホルダーの書式設定 …… 132,141
プレゼンテーションの新規作成（オンラインテンプレート） …… 233,234
プレゼンテーションの比較 …… 216
プレゼンテーションのビデオの作成 …… 117
プレゼンテーションのプロパティの設定 …… 243
プレゼンテーションの編集（オンラインテンプレート） …… 235
プレゼンテーションの保護 …… 253
プレゼンテーションの問題点のチェック …… 246

索引

プレゼンテーションパック …………………… 257
プレゼンテーションパックの作成 ……………… 257
プロパティ …………………………………… 243
プロパティの表示（ファイル一覧） …………… 245
プロパティを使ったファイルの検索 …………… 245

へ

ヘッダー ……………………………………… 148
ヘッダーの挿入 ……………………………… 148
ヘッダーの編集 ……………………………… 149
変更内容の反映 ……………………………… 222
変更の承諾（校閲タブ） ……………………… 224
変更の承諾（変更履歴ウィンドウ） …………… 223
変更の承諾（変更履歴マーカー） ……………… 222
変更履歴ウィンドウ …………………… 220,221
変更履歴ウィンドウの非表示 ………………… 221
変更履歴ウィンドウの表示 …………………… 221
変更履歴マーカー …………………………… 222
変更を元に戻す ……………………………… 226
編集（共通のスライドマスター） ……………… 131
編集（コメント） ……………………………… 212
編集（最終版のプレゼンテーション） ………… 256
編集（スライド） ……………………………… 236
編集（タイトルスライドのスライドマスター） … 141
編集（動作設定ボタン） ……………………… 157
編集（ビデオ） ………………………………… 103
編集（フッター） ……………………………… 149
編集（プレゼンテーション） …………………… 235
編集（ヘッダー） ……………………………… 149
返答（コメント） ……………………………… 213

ほ

保存（OneDrive） …………………… 288,292
保存（PDFファイル） ………………………… 260
保存（テーマ） ………………………………… 145
保存（テンプレート） ………………………… 242

ま

マーキー ………………………………… 31,33

め

メッセージの表示（コメント） ………………… 207

も

文字の修正（図形） …………………………… 61
文字の入力（図形） …………………………… 60
元の書式を保持したスライドの再利用 ……… 192

ゆ

ユーザー設定の変更 ………………………… 209
ユーザー定義のテーマの適用 ………………… 146

よ

横書きテキストボックスの作成 ………………… 79
読み取り順の確認 …………………………… 252

り

リセット（画像） ………………………………… 15
リセット（スライド） …………………… 172,173
リンク（Excelグラフ） ………………… 177,178
リンク（Excel表） …………………………… 187
リンクしたグラフの修正 ……………………… 182
リンクの確認 ………………………………… 181

れ

レイアウトの変更（スライド） ………………… 48

わ

ワードアートの作成 ………………………… 136

よくわかる
Microsoft® PowerPoint® 2016 応用
（FPT1601）

2016年 5月 5日　初版発行
2022年 5月10日　第2版第3刷発行

著作／制作：富士通エフ・オー・エム株式会社

発行者：山下　秀二

発行所：FOM出版（エフオーエム）（富士通エフ・オー・エム株式会社）
〒144-8588 東京都大田区新蒲田1-17-25
　　　　　株式会社富士通ラーニングメディア内
　　　https://www.fom.fujitsu.com/goods/

印刷／製本：アベイズム株式会社

表紙デザインシステム：株式会社アイロン・ママ

- ■本書は、構成・文章・プログラム・画像・データなどのすべてにおいて、著作権法上の保護を受けています。
本書の一部あるいは全部について、いかなる方法においても複写・複製など、著作権法上で規定された権利を侵害する行為を行うことは禁じられています。
- ■本書に関するご質問は、ホームページまたはメールにてお寄せください。
　＜ホームページ＞
　上記ホームページ内の「FOM出版」から「QAサポート」にアクセスし、「QAフォームのご案内」からQAフォームを選択して、必要事項をご記入の上、送信してください。
　＜メール＞
　FOM-shuppan-QA@cs.jp.fujitsu.com
　なお、次の点に関しては、あらかじめご了承ください。
　・ご質問の内容によっては、回答に日数を要する場合があります。
　・本書の範囲を超えるご質問にはお答えできません。　・電話やFAXによるご質問には一切応じておりません。
- ■本製品に起因してご使用者に直接または間接的損害が生じても、富士通エフ・オー・エム株式会社はいかなる責任も負わないものとし、一切の賠償などは行わないものとします。
- ■本書に記載された内容などは、予告なく変更される場合があります。
- ■落丁・乱丁はお取り替えいたします。

©FUJITSU LEARNING MEDIA LIMITED 2021
Printed in Japan

FOM出版のシリーズラインアップ

定番の よくわかる シリーズ

■Microsoft Office

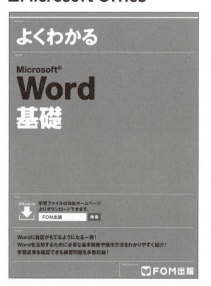

「よくわかる」シリーズは、長年の研修事業で培ったスキルをベースに、ポイントを押さえたテキスト構成になっています。すぐに役立つ内容を、丁寧に、わかりやすく解説しているシリーズです。

Point
① 学習内容はストーリー性があり実務ですぐに使える！
② 操作に対応した画面を大きく掲載し視覚的にもわかりやすく工夫されている！
③ 丁寧な解説と注釈で機能習得をしっかりとサポート！
④ 豊富な練習問題で操作方法を確実にマスターできる！自己学習にも最適！

■セキュリティ・ヒューマンスキル

資格試験の よくわかるマスター シリーズ

■MOS試験対策 ※模擬試験プログラム付き！

「よくわかるマスター」シリーズは、IT資格試験の合格を目的とした試験対策用教材です。出題ガイドライン・カリキュラムに準拠している「受験者必携本」です。

模擬試験プログラム

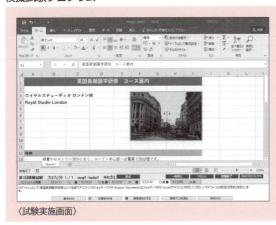

〈試験実施画面〉

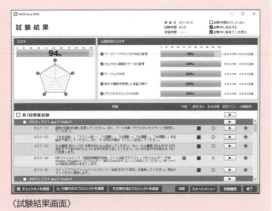

〈試験結果画面〉

■情報処理技術者試験対策

ITパスポート試験

基本情報技術者試験

📱 スマホアプリ
ITパスポート試験 過去問題集

スマホアプリの詳細は

FOM　スマホアプリ 🔍

FOM出版テキスト 最新情報 のご案内	FOM出版では、お客様の利用シーンに合わせて、最適なテキストをご提供するために、様々なシリーズをご用意しています。 https://www.fom.fujitsu.com/goods/	
FAQのご案内 [テキストに関する よくあるご質問]	FOM出版テキストのお客様Q&A窓口に皆様から多く寄せられたご質問に回答を付けて掲載しています。 https://www.fom.fujitsu.com/goods/faq/	

緑色の用紙の内側に、小冊子が添付されています。
この用紙を1枚めくっていただき、小冊子の根元を持って、
ゆっくりとはずしてください。

Microsoft PowerPoint® 2016 応用

解答

練習問題解答 ……………………………………………………… 1
総合問題解答 ……………………………………………………… 16

Answer 練習問題解答

第1章　練習問題

①

①スライド6を選択
②《挿入》タブを選択
③《画像》グループの (図)をクリック
④画像が保存されている場所を選択
※《ドキュメント》→「PowerPoint2016応用」→「第1章」→「第1章練習問題」を選択します。
⑤一覧から「**本**」を選択
⑥《挿入》をクリック
⑦画像が選択されていることを確認
⑧《書式》タブを選択
⑨《調整》グループの (背景の削除)をクリック
⑩本がきれいに表示されるように○(ハンドル)をドラッグ
※ドラッグできれいに削除できない場合は、《背景の削除》タブ→《設定し直す》グループの (保持する領域としてマーク)や (削除する領域としてマーク)を使って調整します。
⑪《背景の削除》タブを選択
⑫《閉じる》グループの (背景の削除を終了して、変更を保持します)をクリック
⑬画像の○(ハンドル)をドラッグしてサイズ変更
⑭画像をドラッグして移動

②

①スライド6を選択
②左上の画像を選択
③《書式》タブを選択
④《調整》グループの (色)をクリック
⑤《色のトーン》の《**温度:8800K**》(左から6番目)をクリック

③

①スライド6を選択
②右の画像を選択
③《書式》タブを選択
④《調整》グループの (色)をクリック
⑤《色の変更》の《**セピア**》(左から3番目、上から1番目)をクリック

④

①スライド7を選択
②《挿入》タブを選択
③《画像》グループの (図)をクリック
④画像が保存されている場所を選択
※《ドキュメント》→「PowerPoint2016応用」→「第1章」→「第1章練習問題」を選択します。
⑤一覧から「**川**」を選択
⑥《挿入》をクリック
⑦画像が選択されていることを確認
⑧《書式》タブを選択
⑨《配置》グループの (オブジェクトの回転)をクリック
⑩《**左へ90度回転**》をクリック
⑪画像の○(ハンドル)をドラッグしてサイズ変更
⑫画像をドラッグして移動

⑤

①スライド8を選択
②《挿入》タブを選択
③《画像》グループの (図)をクリック
④画像が保存されている場所を選択
※《ドキュメント》→「PowerPoint2016応用」→「第1章」→「第1章練習問題」を選択します。
⑤一覧から「**サクラ**」を選択
⑥《挿入》をクリック
⑦画像が選択されていることを確認
⑧《書式》タブを選択
⑨《サイズ》グループの (トリミング)の をクリック
⑩《縦横比》をポイント
⑪《横》の《**4:3**》をクリック
⑫ Shift を押しながら、「や」をドラッグして、トリミング範囲を設定
※必要に応じて、画像をドラッグして表示位置を調整します。
⑬画像以外の場所をクリック
⑭画像を選択
⑮《書式》タブを選択
⑯《サイズ》グループの (図形の高さ)を「**5.5cm**」に設定
※ (図形の幅)が自動的に「7.33cm」になります。

⑰画像をドラッグして移動

⑱《配置》グループの 背面へ移動 (背面へ移動)の をクリック

⑲《最背面へ移動》をクリック

⑳同様に、「アサガオ」「サザンカ」を挿入し、トリミングして位置と配置を調整

⑥

①スライド8を選択

②画像「サクラ」を選択

③ Shift を押しながら、その他の画像を選択

④《書式》タブを選択

⑤《図のスタイル》グループの (その他)をクリック

⑥《四角形、面取り》(左から1番目、上から5番目)をクリック

⑦4つの画像が選択されていることを確認

⑧画像を右クリック

⑨《オブジェクトの書式設定》をクリック

⑩ (効果)をクリック

⑪《影》をクリック

⑫《標準スタイル》の (影)をクリック

⑬《外側》の《オフセット(斜め右下)》(左から1番目、上から1番目)をクリック

⑭《透明度》を「70%」に設定

⑮《ぼかし》を「10pt」に設定

⑯《距離》を「10pt」に設定

⑰作業ウィンドウの (閉じる)をクリック

⑦

①スライド8を選択

②画像「サクラ」を選択

③《書式》タブを選択

④《調整》グループの アート効果 (アート効果)をクリック

⑤《セメント》(左から1番目、上から4番目)をクリック

⑥同様に、その他の画像にアート効果を設定

⑧

①スライド10を選択

②SmartArtグラフィック内の左の画像を選択

③ Shift を押しながら、その他の画像を選択

④《図ツール》の《書式》タブを選択

⑤《図のスタイル》の 図の枠線 (図の枠線)をクリック

⑥《テーマの色》の《オレンジ、アクセント1》(左から5番目、上から1番目)をクリック

⑦《サイズ》グループの トリミング (トリミング)の トリミング をクリック

⑧《図形に合わせてトリミング》をポイント

⑨《四角形》の (角丸四角形)をクリック

第2章　練習問題

①
①《デザイン》タブを選択
②《ユーザー設定》グループの (スライドのサイズ)をクリック
③《ユーザー設定のスライドのサイズ》をクリック
④《スライドのサイズ指定》の を クリックし、一覧から《A4》を選択
⑤《スライド》の《縦》を にする
⑥《OK》をクリック
⑦《最大化》または《サイズに合わせて調整》をクリック

②
①《ホーム》タブを選択
②《スライド》グループの (スライドのレイアウト)をクリック
③《白紙》をクリック

③
①《デザイン》タブを選択
②《バリエーション》グループの (その他)をクリック
③《配色》をポイント
④《赤》をクリック
⑤《バリエーション》グループの (その他)をクリック
⑥《フォント》をポイント
⑦《Corbel　HGゴシックM　HGゴシックM》をクリック

④
①《表示》タブを選択
②《表示》グループの《グリッド線》を にする
③《表示》グループの《ガイド》を にする
④《表示》グループの をクリック
⑤《描画オブジェクトをグリッド線に合わせる》を にする
⑥《間隔》の左側のボックスの をクリックし、一覧から《5グリッド/cm》を選択
⑦《間隔》が「0.2cm」になっていることを確認
⑧《OK》をクリック
⑨水平方向のガイドを中心から上に「8.00」の位置までドラッグ
⑩ Ctrl を押しながら、水平方向のガイドを中心から下に「10.00」の位置までドラッグ

⑤
①《挿入》タブを選択
②《図》グループの 図形 (図形)をクリック
③《四角形》の (正方形/長方形)をクリック
④始点から終点までドラッグして、長方形を作成
⑤長方形が選択されていることを確認
⑥文字を入力

⑥
①長方形を選択
②《ホーム》タブを選択
③《フォント》グループの Corbel 本文 (フォント)の をクリックし、一覧から《Consolas》を選択
④《フォント》グループの 18 (フォントサイズ)の をクリックし、一覧から《54》を選択
⑤《段落》グループの (右揃え)をクリック

⑦
①《挿入》タブを選択
②《図》グループの 図形 (図形)をクリック
③《基本図形》の (二等辺三角形)をクリック
④始点から終点までドラッグして、葉を作成
⑤葉が選択されていることを確認
⑥ Ctrl を押しながら、ドラッグして下にコピー
⑦同様に、さらに下にコピー
⑧《挿入》タブを選択
⑨《図》グループの 図形 (図形)をクリック
⑩《四角形》の (正方形/長方形)をクリック
⑪始点から終点までドラッグして、幹を作成
⑫一番上の葉を選択
⑬ Shift を押しながら、その他の葉と幹を選択
⑭《書式》タブを選択
⑮《配置》グループの (オブジェクトの配置)をクリック
⑯《左右中央揃え》をクリック
⑰《図形のスタイル》グループの (その他)をクリック
⑱《枠線-淡色1、塗りつぶし-茶、アクセント4》(左から5番目、上から3番目)をクリック

⑧
① 一番上の葉を選択
② Shift を押しながら、その他の葉と幹を選択
③《書式》タブを選択
④《図形の挿入》グループの (図形の結合)をクリック
⑤《接合》をクリック
⑥ 結合した木のイラストが選択されていることを確認
⑦ Ctrl を押しながら、ドラッグして右にコピー
⑧ 木のイラストをドラッグして移動

⑨
①《挿入》タブを選択
②《画像》グループの (図)をクリック
③ 画像が保存されている場所を選択
※《ドキュメント》→「PowerPoint2016応用」→「第2章」→「第2章練習問題」を選択します。
④ 一覧から「レストラン」を選択
⑤《挿入》をクリック
⑥ 画像をドラッグして移動

⑩
①《挿入》タブを選択
②《テキスト》グループの (横書きテキストボックスの描画)をクリック
③ 始点でクリック
④ 文字を入力

⑪
① テキストボックスを選択
②《ホーム》タブを選択
③《フォント》グループの (フォント)の をクリックし、一覧から《Consolas》を選択
④《フォント》グループの 18 (フォントサイズ)の をクリックし、一覧から《20》を選択
⑤《フォント》グループの (フォントの色)の をクリック
⑥《テーマの色》の《茶、アクセント5、黒+基本色50％》（左から9番目、上から6番目）をクリック

⑫
①「ブナの森レストラン」を選択
②《ホーム》タブを選択
③《フォント》グループの 20 (フォントサイズ)の をクリックし、一覧から《32》を選択
④《フォント》グループの S (文字の影)をクリック
⑤ テキストボックスの周囲の枠線をドラッグして移動

⑬
①《挿入》タブを選択
②《テキスト》グループの (横書きテキストボックスの描画)の をクリック
③《縦書きテキストボックス》をクリック
④ 始点でクリック
⑤ 文字を入力

⑭
① ⑬で作成したテキストボックスを選択
②《ホーム》タブを選択
③《フォント》グループの 18 (フォントサイズ)の をクリックし、一覧から《28》を選択
④《フォント》グループの (フォントの色)の をクリック
⑤《テーマの色》の《白、背景1》（左から1番目、上から1番目）をクリック
⑥ テキストボックスを右クリック
⑦《図形の書式設定》をクリック
⑧《図形のオプション》の (塗りつぶしと線)をクリック
⑨《塗りつぶし》をクリック
⑩《塗りつぶし（単色）》を●にする
⑪《色》の (塗りつぶしの色)をクリック
⑫《テーマの色》の《黒、テキスト1、白+基本色5％》（左から2番目、上から6番目）をクリック
⑬《透明度》を「50％」に設定
⑭《図形のオプション》の (効果)をクリック
⑮《ぼかし》をクリック
⑯《サイズ》を《5pt》に設定
⑰ 作業ウィンドウの (閉じる)をクリック
⑱ テキストボックスの周囲の枠線をドラッグして移動

⑮

①《挿入》タブを選択
②《図》グループの [図形▼]（図形）をクリック
③《四角形》の □（正方形/長方形）をクリック
④始点から終点までドラッグして、長方形を作成
⑤長方形が選択されていることを確認
⑥文字を入力

⑯

①長方形を選択
②《ホーム》タブを選択
③《フォント》グループの [　　▼]（フォント）の ▼ をクリックし、一覧から《Consolas》を選択
④《書式》タブを選択
⑤《図形のスタイル》グループの [図形の塗りつぶし]（図形の塗りつぶし）をクリック
⑥《テーマの色》の《オレンジ、アクセント3》（左から7番目、上から1番目）をクリック
⑦《ホーム》タブを選択
⑧《段落》グループの ≡（左揃え）をクリック

⑰

①《挿入》タブを選択
②《図》グループの [図形▼]（図形）をクリック
③《基本図形》の [　]（円柱）をクリック
④始点から終点までドラッグして、コーヒーカップを作成
⑤《挿入》タブを選択
⑥《図》グループの [図形▼]（図形）をクリック
⑦《基本図形》の ○（楕円）をクリック
⑧始点から終点までドラッグして、受け皿を作成
⑨受け皿が選択されていることを確認
⑩《書式》タブを選択
⑪《配置》グループの [背面へ移動]（背面へ移動）をクリック
⑫受け皿を選択
⑬ Shift を押しながら、コーヒーカップを選択
⑭《配置》グループの [　]（オブジェクトの配置）をクリック
⑮《左右中央揃え》をクリック
⑯《挿入》タブを選択
⑰《図》グループの [図形▼]（図形）をクリック
⑱《基本図形》の ⌒（アーチ）をクリック
⑲始点から終点までドラッグして、持ち手を作成
⑳持ち手が選択されていることを確認
㉑《書式》タブを選択
㉒《配置》グループの [　▼]（オブジェクトの回転）をクリック
㉓《右へ90度回転》をクリック
㉔持ち手をドラッグして移動
㉕《挿入》タブを選択
㉖《図》グループの [図形▼]（図形）をクリック
㉗《星とリボン》の ✧（星4）をクリック
㉘始点から終点までドラッグして、光を作成
㉙光が選択されていることを確認
㉚《書式》タブを選択
㉛《図形のスタイル》グループの [図形の塗りつぶし]（図形の塗りつぶし）をクリック
㉜《テーマの色》の《白、背景1》（左から1番目、上から1番目）をクリック
㉝コーヒーカップを選択
㉞ Shift を押しながら、受け皿と持ち手、光を選択
㉟《配置》グループの [　▼]（オブジェクトのグループ化）をクリック
㊱《グループ化》をクリック

⑱

①⑮で作成した長方形を選択
② Shift を押しながら、⑰で作成したコーヒーカップのイラストを選択
③《書式》タブを選択
④《配置》グループの [　▼]（オブジェクトのグループ化）をクリック
⑤《グループ化》をクリック
⑥ Ctrl を押しながら、ドラッグしてコピー

⑲

①《表示》タブを選択
②《表示》グループの《グリッド線》を ☐ にする
③《表示》グループの《ガイド》を ☐ にする

第3章　練習問題

①
①スライド7を選択
②コンテンツ用のプレースホルダーの （ビデオの挿入）をクリック
③《参照》をクリック
④ビデオが保存されている場所を選択
※《ドキュメント》→「PowerPoint2016応用」→「第3章」→「第3章練習問題」を選択します。
⑤一覧から「**折り紙（かぶと）**」を選択
⑥《挿入》をクリック
⑦ビデオの○（ハンドル）をドラッグしてサイズ変更
⑧ビデオをドラッグして移動

②
①スライド7を選択
②ビデオを選択
③ ▶ （再生／一時停止）をクリック

③
①スライド7を選択
②ビデオを選択
③《書式》タブを選択
④《調整》グループの （修整）をクリック
⑤《明るさ/コントラスト》の《**明るさ：+20%　コントラスト：+20%**》（左から4番目、上から4番目）をクリック

④
①スライド7を選択
②ビデオを選択
③《書式》タブを選択
④《ビデオスタイル》グループの （その他）をクリック
⑤《巧妙》の《**四角形、背景の影付き**》（左から2番目、上から1番目）をクリック

⑤
①スライド7を選択
②ビデオを選択
③《再生》タブを選択
④《編集》グループの （ビデオのトリミング）をクリック
⑤ を右にドラッグ（目安：「**00：02.513**」）
※開始時間に「00：02.513」と入力してもかまいません。
⑥ を左にドラッグ（目安：「**01：37.508**」）
※終了時間に「01：37.508」と入力してもかまいません。
⑦《OK》をクリック

⑥
①スライド7を選択
②ビデオを選択
③《再生》タブを選択
④《ビデオのオプション》グループの《開始》の をクリックし、一覧から《自動》を選択
⑤《スライドショー》タブを選択
⑥《スライドショーの開始》グループの （このスライドから開始）をクリック
※ Esc を押して、スライドショーを閉じておきましょう。

⑦
①スライド1を選択
②《挿入》タブを選択
③《メディア》グループの （オーディオの挿入）をクリック
④《このコンピューター上のオーディオ》をクリック
⑤オーディオが保存されている場所を選択
※《ドキュメント》→「PowerPoint2016応用」→「第3章」→「第3章練習問題」を選択します。
⑥一覧から「**音声1**」を選択
⑦《挿入》をクリック
⑧オーディオの○（ハンドル）をドラッグしてサイズ変更
⑨オーディオをドラッグして移動
⑩同様に、スライド2からスライド9にオーディオを挿入し、サイズと位置を調整

⑧
①スライド1を選択
②オーディオを選択
③《再生》タブを選択
④《オーディオのオプション》グループの《開始》の をクリックし、一覧から《自動》を選択
⑤同様に、スライド2からスライド9のオーディオを《自動》に設定

⑨

①スライド7を選択

②オーディオを選択

③《アニメーション》タブを選択

④《タイミング》グループの ▲順番を前にする (順番を前にする)をクリック

⑩

①《スライドショー》タブを選択

②《スライドショーの開始》グループの (先頭から開始)をクリック

③クリックして最後のスライドまで確認

⑪

①《ファイル》タブを選択

②《エクスポート》をクリック

③《ビデオの作成》をクリック

④《プレゼンテーション品質》になっていることを確認

⑤《記録されたタイミングとナレーションを使用しない》になっていることを確認

⑥《各スライドの所要時間(秒)》が「05.00」になっていることを確認

⑦《ビデオの作成》をクリック

⑧ビデオを保存する場所を選択

※《ドキュメント》→「PowerPoint2016応用」→「第3章」→「第3章練習問題」を選択します。

⑨《ファイル名》に「体験教室のご紹介」と入力

⑩《ファイルの種類》の をクリックし、一覧から《Windows Mediaビデオ》を選択

⑪《保存》をクリック

⑫

①タスクバーの (エクスプローラー)をクリック

②ビデオが保存されている場所を選択

※《ドキュメント》→「PowerPoint2016応用」→「第3章」→「第3章練習問題」を選択します。

③ビデオ「体験教室のご紹介」をダブルクリック

※ (閉じる)をクリックして、ビデオを終了しておきましょう。

第4章　練習問題

①

①《表示》タブを選択

②《マスター表示》グループの (スライドマスター表示)をクリック

②

①サムネイルの一覧から《ウィスプスライドマスター：スライド1-8で使用される》(上から1番目)を選択

②タイトルのプレースホルダーを選択

③《ホーム》タブを選択

④《フォント》グループの メイリオ 見出し (フォント)の をクリックし、一覧から《HGS明朝E》を選択

⑤《フォント》グループの 36 (フォントサイズ)の をクリックし、一覧から《40》を選択

③

①弧状の図形を選択

②[Delete]を押す

③同様に、残った弧状の図形を削除

④長方形を選択

⑤○(ハンドル)をドラッグしてサイズ変更

④

①サムネイルの一覧から《ウィスプスライドマスター：スライド1-8で使用される》(上から1番目)が選択されていることを確認

②《挿入》タブを選択

③《テキスト》グループの (ワードアートの挿入)をクリック

④《塗りつぶし-緑、アクセント4、面取り(ソフト)》(左から5番目、上から1番目)をクリック

⑤《ここに文字を入力》に「財団法人 美倉会」と入力

⑤

①サムネイルの一覧から《ウィスプスライドマスター：スライド1-8で使用される》(上から1番目)が選択されていることを確認

②ワードアートを選択

③《ホーム》タブを選択

④《フォント》グループの 54 (フォントサイズ)の をクリックし、一覧から《16》を選択

⑤《フォント》グループの (フォントの色)の をクリック

⑥《テーマの色》の《黒、テキスト1》(左から2番目、上から1番目)をクリック

⑦ワードアートをドラッグして移動

⑥

①サムネイルの一覧から《ウィスプスライドマスター:スライド1-8で使用される》(上から1番目)が選択されていることを確認

②《挿入》タブを選択

③《画像》グループの (図)をクリック

④画像が保存されている場所を選択

※《ドキュメント》→「PowerPoint2016応用」→「第4章」→「第4章練習問題」を選択します。

⑤一覧から「ロゴ」を選択

⑥《挿入》をクリック

⑦画像をドラッグして移動

⑧画像の○(ハンドル)をドラッグしてサイズ変更

⑦

①サムネイルの一覧から《タイトルスライドレイアウト:スライド1で使用される》(上から2番目)を選択

②タイトルのプレースホルダーを選択

③《ホーム》タブを選択

④《フォント》グループの 54 (フォントサイズ)の をクリックし、一覧から《60》を選択

⑧

①サムネイルの一覧から《タイトルスライドレイアウト:スライド1で使用される》(上から2番目)が選択されていることを確認

②サブタイトルのプレースホルダーを選択

③《ホーム》タブを選択

④《フォント》グループの 18 (フォントサイズ)の をクリックし、一覧から《24》を選択

⑤《段落》グループの (右揃え)をクリック

⑨

①サムネイルの一覧から《タイトルスライドレイアウト:スライド1で使用される》(上から2番目)が選択されていることを確認

②《スライドマスター》タブを選択

③《背景》グループの《背景を非表示》を☑にする

⑩

①サムネイルの一覧から《ウィスプスライドマスター:スライド1-8で使用される》(上から1番目)を選択

②長方形を選択

③《ホーム》タブを選択

④《クリップボード》グループの (コピー)をクリック

⑤サムネイルの一覧から《タイトルスライドレイアウト:スライド1で使用される》(上から2番目)を選択

⑥《クリップボード》グループの (貼り付け)をクリック

⑦長方形が選択されていることを確認

⑧《書式》タブを選択

⑨《配置》グループの 背面へ移動 (背面へ移動)の をクリック

⑩《最背面へ移動》をクリック

⑪

①《スライドマスター》タブを選択

②《閉じる》グループの (マスター表示を閉じる)をクリック

⑫

①《デザイン》タブを選択

②《テーマ》グループの (その他)をクリック

③《現在のテーマを保存》をクリック

④《ファイル名》に「美倉会」と入力

⑤《保存》をクリック

⑬

①《挿入》タブを選択

②《テキスト》グループの (ヘッダーとフッター)をクリック

③《スライド》タブを選択

④《スライド番号》を☑にする

⑤《フッター》を☑にし、「Copyright©2016 MIKURAKAI All Rights Reserved.」と入力

⑥《タイトルスライドに表示しない》を☑にする

⑦《すべてに適用》をクリック

⑭

① 《**表示**》タブを選択

② 《**マスター表示**》グループの (スライドマスター表示)をクリック

③ サムネイルの一覧から《**ウィスプスライドマスター：スライド1-8で使用される**》(上から1番目)を選択

④ 「Copyright©2016 MIKURAKAI All Rights Reserved.」のプレースホルダーを選択

⑤ 《**ホーム**》タブを選択

⑥ 《**フォント**》グループの (フォントの色)の をクリック

⑦ 《**テーマの色**》の《**黒、テキスト1**》(左から2番目、上から1番目)をクリック

⑧ 《**フォント**》グループの 9 (フォントサイズ)の をクリックし、一覧から《**12**》を選択

⑨ プレースホルダーの周囲の枠線をドラッグして移動

⑮

① サムネイルの一覧から《**ウィスプスライドマスター：スライド1-8で使用される**》(上から1番目)が選択されていることを確認

② 「#」のプレースホルダーを選択

③ 《**ホーム**》タブを選択

④ 《**フォント**》グループの (フォントの色)の をクリック

⑤ 《**テーマの色**》の《**黒、テキスト1**》(左から2番目、上から1番目)をクリック

⑥ 《**フォント**》グループの 20 (フォントサイズ)の をクリックし、一覧から《**16**》を選択

⑦ プレースホルダーの周囲の枠線をドラッグして移動

⑧ 《**スライドマスター**》タブを選択

⑨ 《**閉じる**》グループの (マスター表示を閉じる)をクリック

⑯

① スライド3を選択

② 左の画像を選択

③ 《**挿入**》タブを選択

④ 《**リンク**》グループの (動作)をクリック

⑤ 《**マウスのクリック**》タブを選択

⑥ 《**ハイパーリンク**》を ◉ にする

⑦ をクリックし、一覧から《**スライド**》を選択

⑧ 《**スライドタイトル**》の一覧から「**4.茶道**」を選択

⑨ 《**OK**》をクリック

⑩ 《**OK**》をクリック

⑪ 同様に、中央と右の画像にそれぞれリンクを設定

⑰

① スライド4を選択

② 《**挿入**》タブを選択

③ 《**図**》グループの (図形)をクリック

④ 《**動作設定ボタン**》の (動作設定ボタン：戻る)をクリック

⑤ 始点から終点までドラッグして、動作設定ボタンを作成

⑥ 《**マウスのクリック**》タブを選択

⑦ 《**ハイパーリンク**》を ◉ にする

⑧ をクリックし、一覧から《**スライド**》を選択

⑨ 《**スライドタイトル**》の一覧から「**3.体験教室**」を選択

⑩ 《**OK**》をクリック

⑪ 《**OK**》をクリック

⑫ 同様に、スライド5とスライド6に動作設定ボタンを作成

⑱

① スライド3を選択

② 《**スライドショー**》タブを選択

③ 《**スライドショーの開始**》グループの (このスライドから開始)をクリック

④ 左の画像をクリック

⑤ スライド4の動作設定ボタンをクリック

⑥ スライド3の中央の画像をクリック

⑦ スライド5の動作設定ボタンをクリック

⑧ スライド3の右の画像をクリック

⑨ スライド6の動作設定ボタンをクリック

※ Esc を押して、スライドショーを終了しておきましょう。

第5章　練習問題

①
①スライド1を選択
②《ホーム》タブを選択
③《スライド》グループの (新しいスライド)の を クリック
④《アウトラインからスライド》をクリック
⑤Word文書が保存されている場所を選択
※《ドキュメント》→「PowerPoint2016応用」→「第5章」→「第5章練習問題」を選択します。
⑥一覧から「調査概要」を選択
⑦《挿入》をクリック

②
①スライド2を選択
②[Shift]を押しながら、スライド4を選択
③《ホーム》タブを選択
④《スライド》グループの (リセット)をクリック
⑤スライド3を選択
⑥[Shift]を押しながら、スライド4を選択
⑦《スライド》グループの (スライドのレイアウト)をクリック
⑧《タイトルのみ》をクリック

③
①Excelブック「調査結果データ②」を開く
②シート「調査結果①」のシート見出しをクリック
③グラフを選択
④《ホーム》タブを選択
⑤《クリップボード》グループの (コピー)をクリック
⑥プレゼンテーション「第5章練習問題」に切り替え
⑦スライド3を選択
⑧《ホーム》タブを選択
⑨《クリップボード》グループの (貼り付け)の を クリック
⑩ (元の書式を保持しデータをリンク)をクリック
⑪グラフをドラッグして移動
⑫グラフの○(ハンドル)をドラッグしてサイズ変更
⑬グラフが選択されていることを確認
⑭《フォント》グループの 10 (フォントサイズ)の を クリックし、一覧から《16》を選択

④
①スライド3を選択
②グラフを選択
③《グラフツール》の《デザイン》タブを選択
④《グラフのレイアウト》グループの (グラフ要素を追加)をクリック
⑤《データラベル》をポイント
⑥《中央》をクリック

⑤
①Excelブック「調査結果データ②」に切り替え
②シート「調査結果②」のシート見出しをクリック
③グラフを選択
④《ホーム》タブを選択
⑤《クリップボード》グループの (コピー)をクリック
⑥プレゼンテーション「第5章練習問題」に切り替え
⑦スライド4を選択
⑧《ホーム》タブを選択
⑨《クリップボード》グループの (貼り付け)の を クリック
⑩ (図)をクリック
⑪グラフが選択されていることを確認
⑫《書式》タブを選択
⑬《図のスタイル》グループの (その他)をクリック
⑭《四角形、背景の影付き》(左から3番目、上から3番目)をクリック
⑮グラフをドラッグして移動
⑯グラフの○(ハンドル)をドラッグしてサイズ変更

⑥
①Excelブック「調査結果データ②」に切り替え
②シート「調査結果⑧」のシート見出しをクリック
③セル範囲【B5:F15】を選択
④《ホーム》タブを選択
⑤《クリップボード》グループの (コピー)をクリック
⑥プレゼンテーション「第5章練習問題」に切り替え
⑦スライド10を選択
⑧《ホーム》タブを選択
⑨《クリップボード》グループの (貼り付け)の を クリック
⑩ (貼り付け先のスタイルを使用)をクリック
⑪表の周囲の枠線をドラッグして移動

⑫表の○（ハンドル）をドラッグしてサイズ変更

⑬表が選択されていることを確認

⑭《フォント》グループの （フォントサイズ）の をクリックし、一覧から《16》を選択

⑮《表ツール》の《デザイン》タブを選択

⑯《表のスタイル》グループの （その他）をクリック

⑰《ドキュメントに最適なスタイル》の《テーマスタイル1-アクセント1》（左から2番目、上から1番目）をクリック

※Excelブック「調査結果データ②」を閉じておきましょう。

⑦

①スライド3を選択

②《ホーム》タブを選択

③《スライド》グループの （新しいスライド）の をクリック

④《スライドの再利用》をクリック

⑤《参照》をクリック

⑥《ファイルの参照》をクリック

⑦再利用するプレゼンテーションが保存されている場所を選択

※《ドキュメント》→「PowerPoint2016応用」→「第5章」→「第5章練習問題」を選択します。

⑧一覧から「平成23年調査資料」を選択

⑨《開く》をクリック

⑩《スライドの再利用》作業ウィンドウの「調査結果① 携帯電話の所有率」のスライドをクリック

※《スライドの再利用》作業ウィンドウを閉じておきましょう。

⑧

①スライド4を選択

②タイトルを修正

第6章　練習問題

①

①スライド1を選択

②《ホーム》タブを選択

③《編集》グループの （検索）をクリック

④《検索する文字列》に「折り紙」と入力

⑤《次を検索》をクリック

⑥同様に、《次を検索》をクリックし、プレゼンテーション内の「折り紙」の単語をすべて検索

※5件検索されます。

⑦《OK》をクリック

⑧《閉じる》をクリック

※ステータスバーの をクリックし、ノートペインを非表示にしておきましょう。

②

①スライド1を選択

②《ホーム》タブを選択

③《編集》グループの （置換）をクリック

④《検索する文字列》に「茶の湯」と入力

⑤《置換後の文字列》に「茶道」と入力

⑥《すべて置換》をクリック

※3個の文字列が置換されます。

⑦《OK》をクリック

⑧《閉じる》をクリック

③

①スライド8を選択

②をクリック

③《コメント》作業ウィンドウの《返信》をクリック

④《コメント》作業ウィンドウにコメントを入力

⑤コメント以外の場所をクリック

④

①《校閲》タブを選択

②《コメント》グループの （コメントの表示）の をクリック

③《コメントと注釈の表示》をクリック

⑤
①《校閲》タブを選択
②《コメント》グループの (コメントの表示)の を クリック
③《コメントと注釈の表示》をクリック
④スライド8を選択
⑤ をクリック
⑥《コメント》作業ウィンドウに表示されている返答したコメントの内容をクリック
⑦コメントを編集
⑧コメント以外の場所をクリック

⑥
①《校閲》タブを選択
②《コメント》グループの (コメントの削除)の をクリック
③《このプレゼンテーションからすべてのコメントとインクを削除》をクリック
④《はい》をクリック
※《コメント》作業ウィンドウを閉じておきましょう。

⑦
①スライド1を選択
②《校閲》タブを選択
③《比較》グループの (比較)をクリック
④比較するプレゼンテーションが保存されている場所を選択
※《ドキュメント》→「PowerPoint2016応用」→「第6章」→「第6章練習問題」を選択します。
⑤一覧から「**第6章練習問題_比較**」を選択
⑥《比較》をクリック
⑦スライド7が表示されていることを確認
⑧サムネイルペインのスライド7に (変更履歴マーカー)と変更内容が表示されていることを確認
⑨《比較》グループの (次の変更箇所)をクリック
⑩スライド2が表示されていることを確認
⑪プレースホルダーの右上に (変更履歴マーカー)と変更内容が表示されていることを確認
⑫《比較》グループの (次の変更箇所)をクリック
⑬同様に、《比較》グループの (次の変更箇所)をクリックして、変更内容を確認
※6件の変更内容が表示されます。
⑭《キャンセル》をクリック

⑧
①スライド1を選択
②《校閲》タブを選択
③《比較》グループの (次の変更箇所)をクリック
④《比較》グループの (次の変更箇所)をクリック
⑤スライド2が表示されていることを確認
⑥《変更履歴》ウィンドウの《**スライド**》をクリック
⑦《変更履歴》ウィンドウの「**活動紹介**」のスライドをクリック
⑧《比較》グループの (次の変更箇所)をクリック
⑨スライド3が表示されていることを確認
⑩《変更履歴》ウィンドウの「**体験教室**」のスライドをクリック
⑪《比較》グループの (次の変更箇所)をクリック
⑫SmartArtグラフィックの (変更履歴マーカー)と変更内容が表示されることを確認
⑬《比較》グループの (次の変更箇所)をクリック
⑭スライド8が表示されていることを確認
⑮《変更履歴》ウィンドウの「**料金**」のスライドをクリック
⑯《比較》グループの (次の変更箇所)をクリック
⑰スライド9が表示されていることを確認
⑱《変更履歴》ウィンドウの「**お問い合わせ**」のスライドをクリック

⑨
①スライド9を選択
② (変更履歴マーカー)をクリック
③《図3に対するすべての変更》を にする

⑩
①スライド7を選択
②サムネイルペインのスライド7に表示されている (変更履歴マーカー)の内容を確認
※内容が表示されていない場合は、 (変更履歴マーカー)をクリックします。
③《"**折り紙**"**を削除しました(佐藤)**》を にする

⑪
①《校閲》タブを選択
②《比較》グループの (校閲の終了)をクリック
③《はい》をクリック

第7章 練習問題

①
①PowerPointのスタート画面が表示されていることを確認
②検索ボックスに「フォト」と入力
③（検索の開始）をクリック
④《コンテンポラリフォトアルバム》をクリック
⑤《作成》をクリック
⑥スライド3を選択
⑦ Shift を押しながら、スライド6を選択
⑧ Delete を押す

②
①《デザイン》タブを選択
②《バリエーション》グループの ▽ （その他）をクリック
③《配色》をポイント
④《黄色がかったオレンジ》をクリック
⑤《バリエーション》グループの ▽ （その他）をクリック
⑥《フォント》をポイント
⑦《Consolas-Verdana　HG丸ゴシックM-PRO　MS ゴシック》をクリック

③
①スライド1を選択
②画像を選択
③ Delete を押す
④（図）をクリック
⑤画像が保存されている場所を選択
※《ドキュメント》→「PowerPoint2016応用」→「第7章」→「第7章練習問題」を選択します。
⑥一覧から「表紙写真<パン>」を選択
⑦《挿入》をクリック

④
①スライド1を選択
②プレースホルダーに入力されている「コンテンポラリフォトアルバム」を「ブーランジェリー　Jean-Luc」に修正
※英字と記号は半角で入力します。
③右側のプレースホルダー内をクリックし、「2016.12」と入力
※半角で入力します。
④「Jean-Luc」を選択
⑤《ホーム》タブを選択
⑥《フォント》グループの Verdana 本文 ▼ （フォント）の ▼ をクリックし、一覧から《Bradley Hand ITC》を選択
⑦《フォント》グループの 48 ▼ （フォントサイズ）の ▼ をクリックし、一覧から《60》を選択
⑧《フォント》グループの B （太字）をクリック

⑤
①《挿入》タブを選択
②《テキスト》グループの （横書きテキストボックスの描画）をクリック
③始点でクリック
④「今月の人気パン　BEST3」と入力
※英数字は半角で入力します。
⑤テキストボックスを選択
⑥《ホーム》タブを選択
⑦《フォント》グループの 18 ▼ （フォントサイズ）の ▼ をクリックし、一覧から《40》を選択
⑧《フォント》グループの A ▼ （フォントの色）の ▼ をクリック
⑨《テーマの色》の《薄い黄、背景2》（左から3番目、上から1番目）をクリック
⑩《フォント》グループの S （文字の影）をクリック
⑪テキストボックスの周囲の枠線をドラッグして移動

⑥
①スライド2を選択
②画像を選択
③ Delete を押す
④ をクリック
⑤画像が保存されている場所を選択
※《ドキュメント》→「PowerPoint2016応用」→「第7章」→「第7章練習問題」を選択します。
⑥一覧から「長時間熟成食パン」を選択
⑦《挿入》をクリック

⑦
省略

⑧
①スライド2を選択
②《ホーム》タブを選択
③《スライド》グループの （新しいスライド）の をクリック
④《2枚の写真（横/キャプション付き）》をクリック
⑤左の をクリック
⑥画像が保存されている場所を選択
※《ドキュメント》→「PowerPoint2016応用」→「第7章」→「第7章練習問題」を選択します。
⑦一覧から「チーズフランス」を選択
⑧《挿入》をクリック
⑨同様に、「バタール」を挿入

⑨
省略

⑩
省略

⑪
①《ファイル》タブを選択
②《情報》をクリック
③《プロパティ》をクリック
④《詳細プロパティ》をクリック
⑤《ファイルの概要》タブを選択
⑥《タイトル》に「人気パン紹介」と入力
⑦《作成者》に「西田」と入力

⑧《キーワード》に「2016年12月」と入力
⑨《OK》をクリック
※ Esc を押して、《ファイル》タブの選択を解除しておきましょう。

⑫
①《ファイル》タブを選択
②《情報》をクリック
③《問題のチェック》をクリック
④《アクセシビリティチェック》をクリック

⑬
①《アクセシビリティチェック》作業ウィンドウの《検査結果》の《エラー》の一覧から「図プレースホルダー4（スライド1）」を選択
②スライド1の画像を右クリック
③《図の書式設定》をクリック
④ （サイズとプロパティ）をクリック
⑤《代替テキスト》をクリック
⑥《タイトル》に「いろいろなパンの写真」と入力
⑦《説明》に「ジャンリュックで作っているパン」と入力
⑧同様に、スライド2とスライド3の画像に代替テキストを設定
※スライドタイトルについては、ここでは設定しません。
※《図の書式設定》作業ウィンドウを閉じておきましょう。
※《アクセシビリティチェック》作業ウィンドウを閉じておきましょう。

⑭
①《ファイル》タブを選択
②《情報》をクリック
③《プレゼンテーションの保護》をクリック
④《パスワードを使用して暗号化》をクリック
⑤《パスワード》に「password」と入力
⑥《OK》をクリック
⑦《パスワードの再入力》に再度「password」と入力
⑧《OK》をクリック
※ Esc を押して、《ファイル》タブの選択を解除しておきましょう。

①《ファイル》タブを選択

②《エクスポート》をクリック

③《PDF/XPSドキュメントの作成》をクリック

④《PDF/XPSの作成》をクリック

⑤PDFファイルを保存する場所を選択

※《ドキュメント》→「PowerPoint2016応用」→「第7章」→「第7章練習問題」を選択します。

⑥《ファイル名》に「12月の人気パンBEST3（配布用）」と入力

⑦《ファイルの種類》が《PDF》になっていることを確認

⑧《発行後にファイルを開く》を☑にする

⑨《発行》をクリック

※ ×（閉じる）をクリックして、PDFファイルを閉じておきましょう。

①《ファイル》タブを選択

②《名前を付けて保存》をクリック

③《参照》をクリック

④《ファイル名》に「人気パン紹介（フォーマット）」と入力

⑤《ファイルの種類》の▽をクリックし、一覧から《PowerPointテンプレート》を選択

⑥保存先が《Officeのカスタムテンプレート》になっていることを確認

⑦《保存》をクリック

Answer 総合問題解答

総合問題1

①
①スライド3を選択
②《挿入》タブを選択
③《画像》グループの (図)をクリック
④画像が保存されている場所を選択
※《ドキュメント》→「PowerPoint2016応用」→「総合問題」→「総合問題1」を選択します。
⑤一覧から「パリ」を選択
⑥ Shift を押しながら、「ミラノ」「ロンドン」を選択
⑦《挿入》をクリック
⑧3つの画像が選択されていることを確認
⑨《書式》タブを選択
⑩《サイズ》グループの《図形の高さ》を「5cm」に設定
※(図形の幅)が自動的に「2.56cm」になります。
⑪画像以外の場所をクリックし、画像の選択を解除
⑫「ロンドン」の画像をドラッグして移動
⑬同様に、「ミラノ」「パリ」の画像を移動

②
①スライド5を選択
②《挿入》タブを選択
③《図》グループの (図形)をクリック
④《基本図形》の (円柱)をクリック
⑤始点から終点までドラッグして、湯呑の胴を作成
⑥同様に、湯呑の高台を作成
⑦湯呑の高台が選択されていることを確認
⑧《書式》タブを選択
⑨《配置》グループの (背面へ移動)をクリック

③
①湯呑の胴を選択
② Shift を押しながら、湯呑の高台を選択
③《書式》タブを選択
④《配置》グループの (オブジェクトのグループ化)をクリック
⑤《グループ化》をクリック

④
①《挿入》タブを選択
②《図》グループの (図形)をクリック
③《基本図形》の (楕円)をクリック
④始点から終点までドラッグして、急須の器を作成
⑤同様に、急須のふたのつまみを作成
⑥《挿入》タブを選択
⑦《図》グループの (図形)をクリック
⑧《基本図形》の (ドーナツ)をクリック
⑨始点から終点までドラッグして、急須の持ち手を作成
⑩黄色の〇(ハンドル)をドラッグして、持ち手の太さを調整
⑪《挿入》タブを選択
⑫《図》グループの (図形)をクリック
⑬《基本図形》の (台形)をクリック
⑭始点から終点までドラッグして、急須の注ぎ口を作成
⑮ をドラッグして回転
⑯注ぎ口をドラッグして移動

⑤
①急須の持ち手を選択
② Shift を押しながら、急須の器を選択
③《書式》タブを選択
④《図形の挿入》グループの (図形の結合)をクリック
⑤《型抜き/合成》をクリック

⑥
①結合した急須の持ち手と器を選択
② Shift を押しながら、急須のふたのつまみと注ぎ口を選択
③《書式》タブを選択
④《図形の挿入》グループの (図形の結合)をクリック
⑤《接合》をクリック

⑦
①湯呑のイラストを選択
②Shift を押しながら、急須のイラストを選択
③《書式》タブを選択
④《図形のスタイル》グループの（その他）をクリック
⑤《テーマスタイル》の《パステル-緑、アクセント2》（左から3番目、上から4番目）をクリック

⑧
①Excelブック「実施スケジュール」を開く
②セル範囲【A3:D9】を選択
③《ホーム》タブを選択
④《クリップボード》グループの（コピー）をクリック
⑤プレゼンテーション「総合問題1」に切り替え
⑥スライド6を選択
⑦《ホーム》タブを選択
⑧《クリップボード》グループの（貼り付け）のをクリック
⑨（貼り付け先のスタイルを使用）をクリック
⑩表の周囲の枠線をドラッグして移動
⑪表の○（ハンドル）をドラッグしてサイズ変更
※Excelブック「実施スケジュール」を閉じておきましょう。

⑨
①表を選択
②《ホーム》タブを選択
③《フォント》グループの 11 （フォントサイズ）のをクリックし、一覧から《16》を選択
④《表ツール》の《デザイン》タブを選択
⑤《表のスタイル》グループの（その他）をクリック
⑥《中間》の《中間スタイル2-アクセント3》（左から4番目、上から2番目）をクリック

⑩
①表を選択
②《表ツール》の《デザイン》タブを選択
③《表スタイルのオプション》グループの《タイトル行》を☑にする
④《表スタイルのオプション》グループの《縞模様（行）》を☑にする

⑪
①表の2～7行目を選択
②《表ツール》の《レイアウト》タブを選択
③《セルのサイズ》グループの （高さを揃える）をクリック

⑫
①スライド2を選択
②「ヨーロッパ・スペシャル・キャンペーン」を選択
③《挿入》タブを選択
④《リンク》グループの （動作）をクリック
⑤《マウスのクリック》タブを選択
⑥《ハイパーリンク》を◉にする
⑦をクリックし、一覧から《スライド》を選択
⑧《スライドタイトル》の一覧から「3.ヨーロッパ・スペシャル・キャンペーン」を選択
⑨《OK》をクリック
⑩《OK》をクリック
⑪同様に、「新発売コーヒー店頭キャンペーン」と「お茶を読む・川柳キャンペーン」にそれぞれリンクを設定

⑬
①スライド3を選択
②《挿入》タブを選択
③《図》グループの（図形）をクリック
④《動作設定ボタン》の （動作設定ボタン：戻る）をクリック
⑤始点から終点までドラッグして、動作設定ボタンを作成
⑥《マウスのクリック》タブを選択
⑦《ハイパーリンク》を◉にする
⑧をクリックし、一覧から《スライド》を選択
⑨《スライドタイトル》の一覧から「2.3つの販促キャンペーンの展開」を選択
⑩《OK》をクリック
⑪《OK》をクリック

⑭
①動作設定ボタンを選択
②《書式》タブを選択
③《図形のスタイル》グループの ▼ (その他)をクリック
④《テーマスタイル》の《枠線のみ-50%灰色、アクセント4》(左から5番目、上から1番目)をクリック

⑮
①スライド3の動作設定ボタンを選択
②《ホーム》タブを選択
③《クリップボード》グループの (コピー)をクリック
④スライド4を選択
⑤《クリップボード》グループの (貼り付け)をクリック
⑥スライド5を選択
⑦《クリップボード》グループの (貼り付け)をクリック

⑯
①スライド2を選択
②《スライドショー》タブを選択
③《スライドショーの開始》グループの (このスライドから開始)をクリック
④「ヨーロッパ・スペシャル・キャンペーン」をクリック
⑤スライド3の動作設定ボタンをクリック
⑥スライド2の「新発売コーヒー店頭キャンペーン」をクリック
⑦スライド4の動作設定ボタンをクリック
⑧スライド2の「お茶を読む・川柳キャンペーン」をクリック
⑨スライド5の動作設定ボタンをクリック
※ Esc を押して、スライドショーを終了しておきましょう。

⑰
①スライド1を選択
②《ホーム》タブを選択
③《編集》グループの (置換)をクリック
④《検索する文字列》に「読む」と入力
⑤《置換後の文字列》に「詠む」と入力
⑥《すべて置換》をクリック
※3個の文字列が置換されます。
⑦《OK》をクリック
⑧《閉じる》をクリック

総合問題2

①
①《デザイン》タブを選択
②《ユーザー設定》グループの (スライドのサイズ)をクリック
③《ユーザー設定のスライドのサイズ》をクリック
④《スライドのサイズ指定》の ▽ をクリックし、一覧から《はがき》を選択
⑤《スライド》の《縦》を ◉ にする
⑥《OK》をクリック
⑦《最大化》または《サイズに合わせて調整》をクリック

②
①《ホーム》タブを選択
②《スライド》グループの  (スライドのレイアウト)をクリック
③《白紙》をクリック

③
①《デザイン》タブを選択
②《バリエーション》グループの ▼ (その他)をクリック
③《配色》をポイント
④《赤味がかったオレンジ》をクリック

④
①《表示》タブを選択
②《表示》グループの《グリッド線》を ☑ にする
③《表示》グループの《ガイド》を ☑ にする
④《表示》グループの をクリック
⑤《描画オブジェクトをグリッド線に合わせる》を ☑ にする
⑥《間隔》の左側のボックスの ▽ をクリックし、一覧から《5グリッド/cm》を選択
⑦《間隔》が「0.2cm」になっていることを確認
⑧《OK》をクリック
⑨水平方向のガイドを、中心から上に「1.60」の位置までドラッグ
⑩ Ctrl を押しながら、水平方向のガイドを、中心から下に「4.40」の位置までドラッグ

⑤

①《挿入》タブを選択
②《図》グループの [図形▼] (図形)をクリック
③《四角形》の □ (正方形/長方形)をクリック
④始点から終点までドラッグして、長方形を作成
⑤長方形が選択されていることを確認
⑥文字を入力

⑥

①「Anniversary Fair」を選択
②《ホーム》タブを選択
③《フォント》グループの [18▼] (フォントサイズ)の ▼ をクリックし、一覧から《32》を選択
④《フォント》グループの [B] (太字)をクリック
⑤《フォント》グループの [S] (文字の影)をクリック

⑦

①「2016.7.4(Mon)～7.10(Sun)」を選択
②《ホーム》タブを選択
③《フォント》グループの [18▼] (フォントサイズ)の ▼ をクリックし、一覧から《14》を選択
④《フォント》グループの [B] (太字)をクリック

⑧

①「おかげさまで5周年。日ごろのご愛顧に感謝してアニバーサリーフェアを開催します。」を選択
②《ホーム》タブを選択
③《フォント》グループの [18▼] (フォントサイズ)の ▼ をクリックし、一覧から《11》を選択
④《段落》グループの ≡ (左揃え)をクリック

⑨

①《挿入》タブを選択
②《画像》グループの [画像] (図)をクリック
③画像が保存されている場所を選択
※《ドキュメント》→「PowerPoint2016応用」→「総合問題」→「総合問題2」を選択します。
④一覧から「バラ」を選択
⑤《挿入》をクリック
⑥画像が選択されていることを確認
⑦《書式》タブを選択
⑧《サイズ》グループの [トリミング] (トリミング)をクリック

⑨上側や下側の ━ をドラッグして、トリミング範囲を設定
⑩画像以外の場所をクリック
⑪画像をドラッグして移動

⑩

①《挿入》タブを選択
②《図》グループの [図形▼] (図形)をクリック
③《四角形》の □ (正方形/長方形)をクリック
④始点から終点までドラッグして、長方形を作成
⑤長方形が選択されていることを確認
⑥文字を入力

⑪

①長方形を選択
②《ホーム》タブを選択
③《フォント》グループの [18▼] (フォントサイズ)の ▼ をクリックし、一覧から《9》を選択
④《段落》グループの ≡ (右揃え)をクリック
⑤《書式》タブを選択
⑥《図形のスタイル》グループの ▼ (その他)をクリック
⑦《テーマスタイル》の《パステル-ゴールド、アクセント2》(左から3番目、上から4番目)をクリック
⑧《図形のスタイル》グループの [図形の枠線▼] (図形の枠線)をクリック
⑨《線なし》をクリック

⑫

①「お菓子の家PUPURARA」を選択
②《ホーム》タブを選択
③《フォント》グループの [9▼] (フォントサイズ)の ▼ をクリックし、一覧から《16》を選択
④《書式》タブを選択
⑤《ワードアートのスタイル》グループの [クイックスタイル] (ワードアートクイックスタイル)をクリック
⑥《塗りつぶし-白、輪郭-アクセント1、光彩-アクセント1》(左から4番目、上から2番目)をクリック
⑦《ワードアートのスタイル》グループの [A▼] (文字の輪郭)の ▼ をクリック
⑧《テーマの色》の《濃い赤、アクセント6》(左から10番目、上から1番目)をクリック

⑬
①《挿入》タブを選択
②《図》グループの 図形 (図形)をクリック
③《基本図形》の △ (二等辺三角形)をクリック
④始点から終点までドラッグして、屋根を作成
⑤《挿入》タブを選択
⑥《図》グループの 図形 (図形)をクリック
⑦《四角形》の □ (正方形/長方形)をクリック
⑧始点から終点までドラッグして、壁を作成
⑨同様に、煙突を作成
⑩《挿入》タブを選択
⑪《図》グループの 図形 (図形)をクリック
⑫《四角形》の □ (角丸四角形)をクリック
⑬始点から終点までドラッグして、ドアを作成
※グリッド線に合わせずに図形を配置するには、 Alt を押しながらドラッグします。

⑭
①屋根を選択
② Shift を押しながら、煙突と壁を選択
③《書式》タブを選択
④《図形の挿入》グループの (図形の結合)をクリック
⑤《接合》をクリック

⑮
①結合した屋根と煙突、壁を選択
② Shift を押しながら、ドアを選択
③《書式》タブを選択
④《配置》グループの (オブジェクトのグループ化)をクリック
⑤《グループ化》をクリック

⑯
①家のイラストを選択
②《書式》タブを選択
③《図形のスタイル》グループの (その他)をクリック
④《テーマスタイル》の《枠線-淡色1、塗りつぶし-赤、アクセント3》(左から4番目、上から3番目)をクリック

⑰
①《挿入》タブを選択
②《テキスト》グループの (横書きテキストボックスの描画)をクリック
③始点でクリック
④文字を入力

⑱
①テキストボックスを選択
②《ホーム》タブを選択
③《フォント》グループの 18 (フォントサイズ)の をクリックし、一覧から《9》を選択
④テキストボックスの周囲の枠線をドラッグして移動

⑲
①《挿入》タブを選択
②《画像》グループの (図)をクリック
③画像が保存されている場所を選択
※《ドキュメント》→「PowerPoint2016応用」→「総合問題」→「総合問題2」を選択します。
④一覧から「マカロン(ピンク)」を選択
⑤ Shift を押しながら、「マカロン(黄)」「マカロン(茶)」「マカロン(白)」「マカロン(緑)」を選択
⑥《挿入》をクリック
⑦画像以外の場所をクリックして選択を解除
⑧画像「マカロン(緑)」を選択
⑨《書式》タブを選択
⑩《サイズ》グループの (トリミング)をクリック
⑪ ┐ や ┗ をドラッグして、トリミング範囲を設定
⑫画像以外の場所をクリック
⑬画像「マカロン(緑)」を選択
⑭《書式》タブを選択
⑮《調整》グループの (背景の削除)をクリック
⑯マカロンがきれいに表示されるように○(ハンドル)をドラッグ
⑰《閉じる》グループの (背景の削除を終了して、変更を保持します)をクリック
⑱同様に、その他の画像をトリミングし、背景を削除

⑳
①1つ目の画像を選択
②Shift を押しながら、その他の画像を選択
③《書式》タブを選択
④《サイズ》グループの ▭ (図形の幅)を「1cm」に設定
⑤画像以外の場所をクリックして選択を解除
⑥1つ目の画像をドラッグして移動
⑦同様に、その他の画像を移動

㉑
①1つ目の画像を選択
② ↻ をドラッグして回転
③同様に、その他の画像を回転
④1つ目の画像を選択
⑤Shift を押しながら、その他の画像を選択
⑥《書式》タブを選択
⑦《配置》グループの ▭ (オブジェクトの配置)をクリック
⑧《左右に整列》をクリック

㉒
①《表示》タブを選択
②《表示》グループの《グリッド線》を □ にする
③《表示》グループの《ガイド》を □ にする

総合問題3

①
①《挿入》タブを選択
②《テキスト》グループの (ヘッダーとフッター)をクリック
③《スライド》タブを選択
④《スライド番号》を ☑ にする
⑤《フッター》を ☑ にし、「Copyright © 2017 FOMフーズ株式会社 All Rights Reserved.」と入力
⑥《タイトルスライドに表示しない》を ☑ にする
⑦《すべてに適用》をクリック

②
①《表示》タブを選択
②《マスター表示》グループの ▭ (スライドマスター表示)をクリック

③
①サムネイルの一覧から《基礎スライドマスター：スライド1-6で使用される》(上から1番目)を選択
②「〈#〉」のプレースホルダーを選択
③プレースホルダーの○(ハンドル)をドラッグしてサイズ変更
④プレースホルダーの周囲の枠線をドラッグして移動

④
①サムネイルの一覧から《基礎スライドマスター：スライド1-6で使用される》(上から1番目)を選択
②フッターのプレースホルダーを選択
③《ホーム》タブを選択
④《フォント》グループの 10 (フォントサイズ)の ▼ をクリックし、《12》を選択
⑤プレースホルダーの○(ハンドル)をドラッグしてサイズ変更
⑥プレースホルダーの周囲の枠線をドラッグして移動

⑤

① サムネイルの一覧から《**基礎スライドマスター：スライド1-6で使用される**》（上から1番目）を選択

② タイトルのプレースホルダーを選択

③《**ホーム**》タブを選択

④《**フォント**》グループの （フォント）の▼をクリックし、一覧から《**HG明朝E**》を選択

⑤《**段落**》グループの （中央揃え）をクリック

⑥

① サムネイルの一覧から《**タイトルスライドレイアウト：スライド1で使用される**》（上から2番目）を選択

② タイトルのプレースホルダーを選択

③ プレースホルダーの〇（ハンドル）をドラッグしてサイズ変更

④ サブタイトルのプレースホルダーを選択

⑤ プレースホルダーの〇（ハンドル）をドラッグしてサイズ変更

⑦

① サムネイルの一覧から《**タイトルスライドレイアウト：スライド1で使用される**》（上から2番目）を選択

② タイトルとサブタイトルのプレースホルダーの間にある直線を選択

③《**書式**》タブを選択

④《**図形のスタイル**》グループの （図形の枠線）をクリック

⑤《**太さ**》をポイント

⑥《**2.25pt**》をクリック

⑧

① サムネイルの一覧から《**タイトルスライドレイアウト：スライド1で使用される**》（上から2番目）を選択

②《**挿入**》タブを選択

③《**テキスト**》グループの （横書きテキストボックスの描画）をクリック

④ 始点でクリック

⑤ 文字を入力

⑥ テキストボックスを選択

⑦《**ホーム**》タブを選択

⑧《**フォント**》グループの （フォント）の▼をクリックし、一覧から《**Elephant**》を選択

⑨《**フォント**》グループの （フォントサイズ）に「**300**」と入力し、Enter を押す

⑩《**フォント**》グループの （フォントの色）の▼をクリック

⑪《**ゴールド、アクセント4**》（左から8番目、上から1番目）をクリック

⑫《**フォント**》グループの （斜体）をクリック

⑬ テキストボックスの周囲の枠線をドラッグして移動

⑨

① サムネイルの一覧から《**タイトルスライドレイアウト：スライド1で使用される**》（上から2番目）を選択

② テキストボックスを選択

③《**書式**》タブを選択

④《**配置**》グループの （背面へ移動）の▼をクリック

⑤《**最背面へ移動**》をクリック

⑩

①《**スライドマスター**》タブを選択

②《**閉じる**》グループの （マスター表示を閉じる）をクリック

⑪

① Excelブック「**財務諸表**」を開く

② シート「**損益計算書**」のシート見出しをクリック

③ セル範囲【**A3:D16**】を選択

④《**ホーム**》タブを選択

⑤《**クリップボード**》グループの （コピー）をクリック

⑥ プレゼンテーション「**総合問題3**」に切り替え

⑦ スライド3を選択

⑧《**ホーム**》タブを選択

⑨《**クリップボード**》グループの （貼り付け）の をクリック

⑩ （元の書式を保持）をクリック

⑫

① 表を選択

②《**ホーム**》タブを選択

③《**フォント**》グループの （フォントサイズ）の▼をクリックし、一覧から《**14**》を選択

④ 表の周囲の枠線をドラッグして移動

⑤ 表の〇（ハンドル）をドラッグしてサイズ変更

⑬
①Excelブック「**財務諸表**」に切り替え
②シート「**売上高推移**」のシート見出しをクリック
③グラフを選択
④《**ホーム**》タブを選択
⑤《**クリップボード**》グループの （コピー）をクリック
⑥プレゼンテーション「**総合問題3**」に切り替え
⑦スライド4を選択
⑧《**ホーム**》タブを選択
⑨《**クリップボード**》グループの （貼り付け）の をクリック
⑩ （元の書式を保持しブックを埋め込む）をクリック

⑭
①グラフを選択
②《**ホーム**》タブを選択
③《**フォント**》グループの （フォントサイズ）の をクリックし、一覧から《**14**》を選択
④グラフの周囲の枠線をドラッグして移動
⑤グラフの○（ハンドル）をドラッグしてサイズ変更

⑮
①Excelブック「**財務諸表**」に切り替え
②シート「**貸借対照表**」のシート見出しをクリック
③セル範囲【**A3:D18**】を選択
④《**ホーム**》タブを選択
⑤《**クリップボード**》グループの （コピー）をクリック
⑥プレゼンテーション「**総合問題3**」に切り替え
⑦スライド5を選択
⑧《**ホーム**》タブを選択
⑨《**クリップボード**》グループの （貼り付け）の をクリック
⑩ （埋め込み）をクリック
⑪表の周囲の枠線をドラッグして移動
⑫表の○（ハンドル）をドラッグしてサイズ変更
※Excelブック「**財務諸表**」を閉じておきましょう。

総合問題4

①
①《**ホーム**》タブを選択
②《**スライド**》グループの （新しいスライド）の をクリック
③《**アウトラインからスライド**》をクリック
④Word文書が保存されている場所を選択
※《ドキュメント》→「PowerPoint2016応用」→「総合問題」→「総合問題4」を選択します。
⑤一覧から「**学校案内**」を選択
⑥《**挿入**》をクリック

②
①スライド2を選択
②「Shift」を押しながら、スライド5を選択
③《**ホーム**》タブを選択
④《**スライド**》グループの （リセット）をクリック
⑤スライド4を選択
⑥「Shift」を押しながら、スライド5を選択
⑦《**スライド**》グループの （スライドのレイアウト）をクリック
⑧《**タイトルのみ**》をクリック

③
①スライド3を選択
②《**ホーム**》タブを選択
③《**スライド**》グループの （新しいスライド）の をクリック
④《**スライドの再利用**》をクリック
⑤《**参照**》をクリック
⑥《**ファイルの参照**》をクリック
⑦再利用するプレゼンテーションが保存されている場所を選択
※《ドキュメント》→「PowerPoint2016応用」→「総合問題」→「総合問題4」を選択します。
⑧一覧から「**学校概要**」を選択
⑨《**開く**》をクリック
⑩《**スライドの再利用**》作業ウィンドウの「**学園長挨拶**」のスライドをクリック
⑪同様に、「**学校沿革**」「**学科紹介**」のスライドを挿入
※《スライドの再利用》作業ウィンドウを閉じておきましょう。

④
①《表示》タブを選択
②《マスター表示》グループの (スライドマスター表示)をクリック

⑤
①サムネイルの一覧から《Viewスライドマスター：スライド1-8で使用される》（上から1番目）を選択
②タイトルのプレースホルダーを選択
③《ホーム》タブを選択
④《フォント》グループの `HGJ'ｼｯｸE 見出` (フォント)の▼をクリックし、一覧から《HGS明朝E》を選択
⑤《フォント》グループの `S` (文字の影)をクリック

⑥
①サムネイルの一覧から《Viewスライドマスター：スライド1-8で使用される》（上から1番目）を選択
②紺色の長方形を選択
③長方形をドラッグして移動
④長方形の〇（ハンドル）をドラッグしてサイズ変更

⑦
①サムネイルの一覧から《Viewスライドマスター：スライド1-8で使用される》（上から1番目）を選択
②《挿入》タブを選択
③《画像》グループの `画像` (図)をクリック
④画像が保存されている場所を選択
※《ドキュメント》→「PowerPoint2016応用」→「総合問題」→「総合問題4」を選択します。
⑤一覧から「学校ロゴ」を選択
⑥《挿入》をクリック
⑦画像の〇（ハンドル）をドラッグしてサイズ変更
⑧画像をドラッグして移動

⑧
①サムネイルの一覧から《タイトルスライドレイアウト：スライド1で使用される》（上から2番目）を選択
②《挿入》タブを選択
③《画像》グループの `画像` (図)をクリック
④画像が保存されている場所を選択
※《ドキュメント》→「PowerPoint2016応用」→「総合問題」→「総合問題4」を選択します。
⑤一覧から「学生」を選択
⑥《挿入》をクリック
⑦画像が選択されていることを確認
⑧《書式》タブを選択
⑨《サイズ》グループの (トリミング)をクリック
⑩上側や下側の━をドラッグして、トリミング範囲を設定
⑪画像以外の場所をクリック
⑫画像をドラッグして移動
⑬画像の〇（ハンドル）をドラッグしてサイズ変更

⑨
①画像を選択
②《書式》タブを選択
③《調整》グループの (色)をクリック
④《色の彩度》の《彩度：200%》（左から5番目）をクリック

⑩
①《スライドマスター》タブを選択
②《閉じる》グループの (マスター表示を閉じる)をクリック

⑪
①《デザイン》タブを選択
②《テーマ》グループの  (その他)をクリック
③《現在のテーマを保存》をクリック
④《ファイル名》に「学校案内」と入力
⑤《保存》をクリック

⑫
①Excelブック「進路状況」を開く
②シート「構成比」のシート見出しをクリック
③グラフを選択
④《ホーム》タブを選択
⑤《クリップボード》グループの  (コピー)をクリック

⑥プレゼンテーション「**総合問題4**」に切り替え
⑦スライド7を選択
⑧《**ホーム**》タブを選択
⑨《**クリップボード**》グループの （貼り付け）の をクリック
⑩ （元の書式を保持しデータをリンク）をクリック
⑪グラフの○（ハンドル）をドラッグしてサイズ変更
⑫グラフをドラッグして移動
※Excelブック「進路状況」を閉じておきましょう。

⑬
①Excelブック「**募集要項**」を開く
②セル範囲【**A2:C9**】を選択
③《**ホーム**》タブを選択
④《**クリップボード**》グループの （コピー）をクリック
⑤プレゼンテーション「**総合問題4**」に切り替え
⑥スライド8を選択
⑦《**ホーム**》タブを選択
⑧《**クリップボード**》グループの （貼り付け）の をクリック
⑨ （図）をクリック
⑩表の○（ハンドル）をドラッグしてサイズ変更
⑪表の周囲の枠線をドラッグして移動
※Excelブック「募集要項」を閉じておきましょう。

総合問題5

①
①《**校閲**》タブを選択
②《**比較**》グループの （比較）をクリック
③比較するプレゼンテーションが保存されている場所を選択
※《ドキュメント》→「PowerPoint2016応用」→「総合問題」→「総合問題5」を選択します。
④一覧から「**教務チェック結果**」を選択
⑤《**比較**》をクリック

②
①スライド4が表示されていることを確認
②プレースホルダーの右上に （変更履歴マーカー）と変更内容が表示されていることを確認
③《**コンテンツプレースホルダー2に対するすべての変更**》を ☑ にする

③
①《**校閲**》タブを選択
②《**比較**》グループの （次の変更箇所）をクリック
③スライド6が表示されていることを確認
④プレースホルダーの右上に （変更履歴マーカー）と変更内容が表示されていることを確認
⑤《**変更履歴**》ウィンドウの《**スライド**》をクリック
⑥《**変更履歴**》ウィンドウの「**学科紹介**」のスライドをクリック

④
①《**校閲**》タブを選択
②《**比較**》グループの （校閲の終了）をクリック
③《**はい**》をクリック

⑤
①スライド8を選択
②《**校閲**》タブを選択
③《**コメント**》グループの （コメントの挿入）をクリック
④《**コメント**》作業ウィンドウにコメントを入力
⑤コメント以外の場所をクリック
※《コメント》作業ウィンドウを閉じておきましょう。

⑥
① 《ファイル》タブを選択
② 《情報》をクリック
③ 《プロパティ》をクリック
④ 《詳細プロパティ》をクリック
⑤ 《ファイルの概要》タブを選択
⑥ 《管理者》に「入試広報部」と入力
⑦ 《会社名》に「下村女子学園」と入力
⑧ 《OK》をクリック
※ Esc を押して、《ファイル》タブの選択を解除しておきましょう。

⑦
① 《ファイル》タブを選択
② 《情報》をクリック
③ 《問題のチェック》をクリック
④ 《ドキュメント検査》をクリック
⑤ 《はい》をクリック
⑥ すべての項目を ✓ にする
⑦ 《検査》をクリック
⑧ 《コメントと注釈》の《すべて削除》をクリック
⑨ 《閉じる》をクリック
※ 《コメント》作業ウィンドウが表示された場合は閉じておきましょう。

⑧
① 《ファイル》タブを選択
② 《エクスポート》をクリック
③ 《プレゼンテーションパック》をクリック
④ 《プレゼンテーションパック》をクリック
⑤ 《オプション》をクリック
⑥ 《リンクされたファイル》を ✓ にする
⑦ 《埋め込まれたTrueTypeフォント》を ✓ にする
⑧ 《OK》をクリック
⑨ 《フォルダーにコピー》をクリック
⑩ 《フォルダー名》に「配布用」と入力
⑪ 《場所》の《参照》をクリック
⑫ プレゼンテーションパックを保持する場所を選択
※ 《ドキュメント》→「PowerPoint2016応用」→「総合問題」→「総合問題5」を選択します。
⑬ 《OK》をクリック
⑭ 《はい》をクリック
※ フォルダー「配布用」が表示された場合は閉じておきましょう。
⑮ 《閉じる》をクリック

⑨
① 《ファイル》タブを選択
② 《エクスポート》をクリック
③ 《PDF/XPSドキュメントの作成》をクリック
④ 《PDF/XPSの作成》をクリック
⑤ PDFファイルを保存する場所を選択
※ 《ドキュメント》→「PowerPoint2016応用」→「総合問題」→「総合問題5」を選択します。
⑥ 《ファイル名》に「2017年度学校案内(配布用)」と入力
⑦ 《ファイルの種類》が《PDF》になっていることを確認
⑧ 《発行》をクリック
※ PDFファイルが表示された場合は閉じておきましょう。

⑩
① 《ファイル》タブを選択
② 《情報》をクリック
③ 《プレゼンテーションの保護》をクリック
④ 《パスワードを使用して暗号化》をクリック
⑤ 《パスワード》に「password」と入力
⑥ 《OK》をクリック
⑦ 《パスワードの再入力》に「password」と入力
⑧ 《OK》をクリック
※ Esc を押して、《ファイル》タブの選択を解除しておきましょう。

© FUJITSU FOM LIMITED 2016